电 子 政 务

王 琦 陈 霞 陈 飞 编著

电子工业出版社
Publishing House of Electronics Industry
北京·BEIJING

内 容 简 介

从国内外的发展情况来看,电子政务的发展遇到两个主要难点。第一个难点是电子政务的一体化问题,即政府与部门之间信息系统的一体化及中央与地方政府之间信息系统的一体化问题。第二个难点是所谓数字鸿沟问题。针对前一个问题,本书重点介绍和分析了电子政务体系和电子政务应用模式,即G2G、G2B和G2C等相关内容;针对后一个问题,本书重点介绍了网络舆情管理、数字化城市管理、应急管理和数字化鸿沟等内容。

本书内容丰富、针对性强、语言通俗易懂,且重点章节都配有相应的案例,可作为高等学校行政管理、电子商务、信息管理等专业的本科及研究生教材,也可以作为国家公务人员学习电子政务的培训教材,对电子政务系统的开发和管理人员也具有参考价值。

图书在版编目(CIP)数据

电子政务/王琦,陈霞,陈飞编著. —北京:电子工业出版社,2011.4
ISBN 978-7-121-13020-5

I. ①电… II. ①王… ②陈… ③陈… III. ①电子政务-高等学校-教材 IV. ①D035.1-39

中国版本图书馆 CIP 数据核字(2011)第 031176 号

策划编辑:秦绪军 徐蕾薇
责任编辑:谭丽莎
印　　刷:三河市鑫金马印装有限公司
装　　订:
出版发行:电子工业出版社
　　　　　北京市海淀区万寿路 173 信箱　邮编　100036
开　　本:720×1 000　1/16　印张:15.25　字数:274 千字
印　　次:2011 年 4 月第 1 次印刷
印　　数:3 000 册　定价:29.00 元

凡所购买电子工业出版社图书有缺损问题,请向购买书店调换。若书店售缺,请与本社发行部联系,联系及邮购电话:(010) 88254888。

质量投诉请发邮件至 zlts@phei.com.cn,盗版侵权举报请发邮件至 dbqq@phei.com.cn。

服务热线:(010) 88258888。

前　　言

信息技术的迅猛发展，特别是互联网技术的普及应用，使电子政务的发展成为当代信息化的最重要的领域之一。根据联合国教科文组织的调查，89%的国家都在不同程度上着手推动电子政务的发展，并将其列为国家级的重要事项。事实上，电子政务已经迅速地列入了所有工业化国家的政治日程。电子政务的发展之所以受到世界各国政府的重视，一方面是因为政府是全社会中最大的信息拥有者、最大的信息技术的用户，有效地利用信息技术，可以建立一个更加勤政、廉政、精简和有竞争力的政府；另一方面也是因为信息技术能够使人民更好地参与各项决策活动的政府，从而促进全社会的进步。

"电子政务"中的关键字是"政务"，而不是"电子"！如何克服形形色色的社会阻力是电子政务能否成功的重要因素之一（周宏仁，2010 年）。基于此，我们历时半年编著了本书，期望对电子政务发展中遇到的问题有所解答。

本书重点对电子政务的基础知识、电子政务的应用模式、数字鸿沟、网络舆情管理和应急管理等知识进行了介绍和探索。电子政务应用模式是本书的核心。其应用模式分别为 G2G、G2B 和 G2C。本书重点解决电子政务的一体化问题，即政府部门之间信息系统的一体化及中央与地方政府之间信息系统的一体化问题。

（1）在 G2G 中，本书介绍了电子法规、电子公文系统及电子档案。其中电子法规的发布和查询模块包括电子法规的录入、修改、公布、查询等，电子公文系统的内容主要有电子公文的收文、发文、检索、归档管理等，电子档案管理系统的内容主要有档案归档、查阅、权限设置、档案销毁管理等。

（2）在 G2B 中，本书介绍了公用信息发布系统、网上工商系统、电子采购及网上税务系统。G2B 模式旨在打通各政府部门的界限，实现业务相关部门在资源共享的基础上迅速快捷地为企业提供各种信息服务，精简工作流程，简化审批手续，提高办事效率，减轻企业负担，节约时间，为企业的生长和发展提供良好的环境。

（3）在 G2C 中，本书介绍了电子化社会保障服务、电子化个性服务及电子化社会服务。电子化个性服务是指政府根据公民个人的个性化需求，通过电子化方式为其提供政府相关服务，如政府通过公民关系管理系统（Citizen Relationship Management，CRM）为公民个人提供个性化的教育、医疗、就业服务等。

除了介绍和分析电子政务的应用模式外，本书还重点介绍了当前电子政务的热点领域：网络舆情管理、数字化城市管理、应急通信管理和数字鸿沟，重点解决数字鸿沟的相关问题。

（1）随着互联网的发展和普及，公民通过互联网参政的意识越来越强烈，网络舆情管理也越来越重要。政府应根据网络舆情的特点和网络舆情传播理论，积极引导网络舆情的正面影响和有效管理网络舆情的负面影响。

（2）在电子政务发展的高级阶段，政府的一项重要工作是打造一个高效、快速反应、竞争力强的和谐的城市，即建立数字化城市管理。

（3）当今社会，日益增多的大型集会类事件给现有通信系统带来极大的压力；同时，一系列的突发事件，诸如地震、火灾、恐怖事件等不断地考验着政府及其相应的职能机构的工作能力、办事效率。提高政府及其主要职能机关的应变能力、反应速度越来越成为一个焦点的话题。本书根据应急通信的需求制订了相应的应急通信优先级及相应的管理方案。

（4）数字鸿沟是当代信息社会中的一个愈演愈烈的世界性问题。其广泛存在于不同国家或地区之间，以及一国内部不同地区之间、城乡之间、企业之间和人群之间。数字鸿沟的危害波及一国政治、经济、文化、军事与社会稳定。本书不仅介绍了数字鸿沟的定义、分类、成因和影响，还在介绍数字鸿沟的测量方法时，分别介绍了各种算法的原理和计算方法，以及各种算法的优缺点。

本书编写分工如下：第 2 章和第 10 章主要由陈飞编写；第 3 章主要由陈霞编写；剩余章节主要由王琦编写。三位学生邵雪娇、刘芳芳、李瑶参与了资料的收集和整理等工作。

由于作者水平有限，书中难免有些错误或不足之处，期盼读者和专家不吝指教，惠予批评。作者的电子邮箱：buptwangqi@gmail.com。

作 者

目　　录

第 1 章

电子政务概述

本章内容：
电子政务的定义及功能
电子政务的三大应用模式
电子政务的发展现状及展望

1.1 电子政务的定义

1.1.1 电子政务的发展背景

互联网具有开放、平等、全球共享、交互、信息量巨大和传播快等特点，它作为一种革命性的力量改变了人类的生产方式和生活方式，极大地提高了社会生产力，加快了全球化进程，引起了社会结构的深刻变化。第一，互联网使信息在全社会的共享程度空前提高，这给传统的政府管理带来了巨大的挑战。第二，在全球经济一体化的大环境下，传统政府管理体制所存在的低效、低能、腐败等问题日益成为国际竞争的重要制约因素。第三，程序烦琐、效率低下的传统政府管理方式无法适应互联网时代的需要。政府管理面临着历史上从未有过的来自多方面的压力，创新已成为唯一的出路。

随着信息技术的日益成熟、网络技术的迅速发展、网上社会经济活动量的剧增，企业和公众希望与政府打交道更容易、更透明、更有效率，希望跟政府打交道的各个环节融为一体，实现政府由多层次、多部门、以"管"为目的向"智能化"、以"客户"服务为中心的转变。从世界范围来看，推进政府部门办公自动化、网络化、电子化，实现信息的全面共享已是大势所趋。在世界各国积极倡导的"信息高速公路"的五个应用领域，电子政务被列为第一位，成为社会信息化的基础。以电子政务为标志的现代信息网络技术的开发与应用，为现代行政管理与公共管理领域寻求理论突破及探索政府改革途径开辟了全新的数字化空间。现代信息网络技术和政府管理的相互交叉发展，使当代政府在管理绩效、成本、效能、回应力及分权等许多重要方面迸发出了引人注目的社会效益和经济价值，为政府管理创新研究提供了重要启示。

电子政务的出现和推广应用并非空穴来风，知识经济、科技发展、社会转型及全球化等外部因素，为电子政务的应用奠定了理论基础。与电子政务的应用联系最为密切的公共行政理论是新公共管理理论，它于 20 世纪 60 至 70 年代兴起，对电子政务的产生与发展发挥了重要的推动作用。新公共管理理论有两个非常重要的主张，就是政府再造和注重管理效益。

世界各国开始建设电子政务并逐步加快电子政务建设的力度与步伐，推广电子政务的应用范围，有其广泛的社会基础与诸多动因。就全球范围来看，各国推进政府部门办公自动化、网络化、电子化、全面信息共享，与国际接轨是大势所趋；就我国来看，我们迫切需要迅速转变职能，通过实施电子政务使政府更好地适应经济和社会发展的现实需要，从而提高工作绩效，提升政府的竞争力和回应社会的能力。也正是由于这些因素的存在，使得世界各国的政府管理模式均处于不断更新变革之中。

电子政务的产生，是政府创新的理性选择和信息技术进步相结合的必然产物，是政府技术层面创新的核心支撑。电子政务的发展，实质是对传统的政府管理体制和管理方式提出了挑战，是深化行政管理体制改革，实现政府管理创新的催化剂和助动器。

1.1.2　电子政务的定义及功能

"电子政务"的概念是中国人自己给自己派生出来的概念，而电子政府则是国际社会一致公认性的名词，两个概念不是完全对应的，更不能相互替代。

电子政府是指在开展电子政务过程中，重新构建崭新的政府管理形态。而电子政务是指政府采用电子信息化和网络通信手段全方位地向社会提供优质、规范、透明、符合国际水准的管理和服务。电子政府是电子政务发展的目标。

政府在开展电子政务过程中，进行组织结构和工作流程的优化和重组，克服过去部门分隔和时空的限制，最终实现在网上办公，这也是电子政府的本义。它对于提高政府办事效率，改善决策质量，增加办公透明度，最终转换政府职能，调整政府角色，更好地为社会服务等都有深刻的推动作用。

对于本书所介绍的电子政务，可以将其理解为借助信息技术完成政务活动。由于电子政务是信息技术与政务活动的交集，所以它的内涵和外延在很大程度上取决于人们对信息技术和政务活动的理解。

目前比较典型的电子政务（或电子政府）的定义有以下几种。

（1）联合国经济社会理事会给出的定义：政府通过信息通信技术手段的密集性和战略性应用组织公共管理的方式，旨在提高效率、增强政府的透明度、改善财政约束、改进公共政策的质量和决策的科学性，建立良好的政府之间、政府与社会、社区及政府与公民之间的关系，改善公共服务的质量，赢得广泛的社会参与度。

（2）作为电子政务的倡导者与领先者，美国政务在推进电子政府的报告中给出这样的定义："电子政府提供了更多机会以提升对公众信息传递的质量。电子政府是一种卓有成效的战略，可以实现联邦政府管理的巨大变化，包括简化对公众服务的传递，消除政府管理中的层次性，实现居民、企业及其他级别的政府及政府雇员更为容易地获取信息并得到联邦政府的服务，简化各政府机构间的事务处理流程，通过整合集成、消除冗余，使'政府事务处理系统'达到了降低成本运作的目的，形成了流程化的政府运作体系，提升了对公民的回应力"。

（3）国家信息安全工程技术中心和国家信息安全基础设施研究中心给出的定义：电子政务是政府在其管理和服务职能中运用现代信息和通信技术，实现政府组织结构和工作流程的重组优化，超越时间、空间和部门分隔的制约，全方位地向社会提供优质、规范、透明的服务，是政府管理手段的变革。

综合国内外电子政务的定义，本书对电子政务的定义：电子政务实质上就是把工业化模型的大政府转变为新型的服务性政府，以适应虚拟的、全球性的、以知识为基础的数字经济，同时也适应社会的根本性转变。这一提法主要是从国家宏观层面来理解的，虽然未从学术上给出严谨定义，但由于反映了从我国政府层面上所理解的电子政务，所以这一理解结合具体任务，比较形象直观，可供读者参考。

电子政务将使政府成为一个更加开放和透明的政府、一个更有效率的政府、一个更为廉洁的政府；它能够使公众通过互联网更为方便快捷地了解政府机构所制定和颁布的与公众相关的政策、法规及重要信息，实现与公众的双向式直接沟通和互动，让公众充分体验和享受电子政务的便利和效率；同时将大大提高政府工作人员的工作效率，加强政府管理职能的控制力度，提供政府部门之间的沟通能力。电子政务的功能具体体现在以下几个方面。

（1）优化政府职能配置：电子政务的实施将给政府的组织模式、运行机制、管理方式、管理理念等带来革命性的变化；将有利于各级政府职能和运行机制的转变，提高政府的管理绩效。

（2）重塑政府业务流程：通过对政府现有工作流程的分析、诊断，消除流程障碍，整合破碎流程，提高业务流程的并行化处理。

（3）促进政务公开：电子政务在技术上保证了政府职能部门严格地按照工作程序和职责分工来运作，使政府内部的决策过程变得更加透明，便于群众监督，有利于树立公正、高效、透明、廉洁的政府形象。

（4）改善政府绩效：政府绩效包含经济绩效、社会绩效和政治绩效三个方面。电子政务可以从宏观和微观两个层面来考察它们。

（5）高效利用信息资源：电子政务扩大了信息传播的渠道。通过电子政务信息系统可以充分挖掘、利用和开发隐藏在社会、企业和政府内部丰富的信息资源，利用市场机制和其他机制实现信息共享，及时发布经济运行信息、社会服务信息、政府决策信息、企业反馈信息，从而有利于公民随时检举各类违法事件，维护自身权利，推进政府的廉政建设。

1.1.3　电子政务的特点

电子政务的本质是建设电子政府，也就是政府部门的信息化建设，因此，电子政务除了具备信息化建设的一般特征外，还具备以下几个方面的特点。

1．电子政务是信息技术在政务中的全面应用，是社会发展对政府的基本要求

信息技术尤其是网络技术的高速快捷和打破时空的特点，使得政府在信息的生产和传播、管理的模式和手段等方面发生了深刻的变化。一方面，政府在某些领域具有更强的信息获取和控制能力，从而拓展了政府职能的作用范围，能够更有效地实现对社会的控制；另一方面，政府在信息获取和控制方面的垄断优势也将被打破，从而会面临来自各个层面的竞争，这将导致某些职能受到压缩，甚至流失。这两方面的作用将给政府的管理方式和行政手段带来革命性的变化。

2．电子政务是一种全新的政府行政管理理念

电子政务不是传统政务和信息技术的简单叠加，不是用先进的信息技术去适应落后的传统政务模式，而是借助于信息技术对传统政务进行革命性改造。在过去的几十年间，企业从信息化建设中获得巨大的经济效益和社会效益的例子不胜枚举。但政府部门的信息化和营利性组织的目的是不同的，企业（营利性组织）把追求利润作为一切活动的根本出发点，而政府是一种公共行政管理组织，提供公共物品，它把促进国家和社会的发展作为一切活动的根本出发点，因此政府信息化的目的是更好地为公众服务。然而，政府的信息化建设应该借鉴企业信息化的经验，这是因为企业的活力、企业的创新、企业的凝聚力都是政府所缺少的。如果政府能够借鉴企业信息化的成功经验，将会使自身更加有效率、充满活力。从这个角度来讲，电子政务可以看做一个"以企业精神改造政府"的管理理念。

3．电子政务的核心是在信息资源支撑下的科学管理

信息化建设的主体是管理本身，利用信息技术提供的实时性、共享性和公正性，明确和优化政府的各项管理流程，可达到降低业务成本、提高工作效率、改善公共管理及其服务质量的目标。电子政务的核心是管理创新，信息化是强化管理的必由之路。因此，在电子政务建设中，对管理平台的建设十分重要。政府应完善管理制度，规范管理方法，改进管理手段，提升管理质量，提高管理效率，实现管理手段和方法对信息技术发展要求的适应性。同时，应保证合理使用各类资源，合理利用物质资源的潜在效用，深入挖掘信息资源的内在价值，充分发挥人力资源的真实能量，实现资源调配有效，以逐步建立起新世纪、新时代管理现代化的科学管理体系。

4. 电子政务是一个不断发展整合的动态过程

电子政务不是一个一蹴而就的结果，而是一个持续不断建设和发展的动态过程，是一个运用技术手段改革政府管理模式和服务的不断探索、积累和发展，而又螺旋上升的过程。一方面，信息技术处于高速发展，不断更新的时期，这就决定了电子政务建设具有很强的阶段性、实效性和动态性；另一方面，在电子政务建设过程中，组织建设的不断加强，管理改革的不断深入，工作流程的不断优化，决定了电子政务建设与行政管理需求之间有一定的适应性差异。从自身发展历程来看，电子政务必然经历从工具信息化到事务信息化，再到管理信息化，又到组织信息化等不同层次的建设阶段。

1.1.4 电子政务的三大应用模式

电子政务所包含的内容极为广泛，几乎包括传统政务活动的各个方面。电子政务的行为主体主要包括政府机构、企业和社会公众。为此，政府的业务活动也主要围绕这三个行为展开，即包括政府与政府之间的互动，政府与企业之间的互动，以及政府与公民之间的互动。相应地，电子政务模式可划分为三种：政府对政府的电子政务（Government to Government，G2G）、政府对企业的电子政务（Government to Business，G2B）、政府对公民的电子政务（Government to Citizen，G2C）。

1. G2G

G2G 指政府与政府之间、政府的不同机构和部门之间的电子政务，包括中央政府与各级地方政府之间，不同地方政府之间，政府的不同部门之间的电子政务。"G2G 电子政务活动"包括信息的采集、处理和利用，如人口信息、地理信息、资源信息等国家和地方的基础信息；政府之间各种业务所需要采集和处理的信息，如计划管理、经济管理、社会经济统计、公安、国防、国家安全等；政府之间的通信系统，包括各种紧急情况的通报、处理和通信系统；政府内部的各种管理信息系统，如财务管理、人事管理、公文管理、资产管理、档案管理等；以及各级政府的决策支持系统和信息处理系统。

G2G 的主要目的是促进政府各部分的信息交换、资源整合和业务协同，克服政府各部门相互推诿、"扯皮"的现象，提高政府内部的行政效率。

2. G2B

G2B 是政府对企业服务的电子政务。G2B 具体是指政府通过电子政务通过电子网络系统高效快捷地管理经济，精简管理流程，进行电子采购与招标，并为企业提供各种信息服务，使电子商务和电子政务能够一体化。G2B 覆盖了从企业产生、执照办理、工商管理、纳税到企业停业破产等整个企业生命周期的信息配套服务。

G2B 电子政务实质上是政府给企业提供的各种监督管理和公共服务。例如，通过营造良好的投资和市场环境，维护公平的市场竞争秩序，政府协助企业特别是中小企业的发展，帮助其进入国际市场并参与国际竞争，同时提供各项信息服务等。此外，G2B 还致力于电子商务实践，营造安全、有序与合理的电子商务环境，从而大量削减企业负担，给企业提供顺畅的"一站式"支持服务，引导和促进电子商务发展。

G2B 主要包括电子采购与招标、电子税务、电子证照办理、综合信息服务和中小企业电子服务等内容。

3．G2C

G2C 是指政府对市民服务的电子政务，是发生在政府部门与各种社会团体及市民个人之间的行为。政府通过电子网络系统、信息渠道及在线服务，为市民提供从出生到死亡，包括入学、就业、社会保障等整个人生阶段的，内容多元化的配套服务，将政府职能部门为人民大众的办公服务和信息服务公开化。

G2C 电子政务可细分为政府对市民的活动及市民对政府的活动两个领域。前一个领域的服务首先体现为使市民了解政府各部门的职责、办事程序和标准，以及各种关于社区治安和水、火、天灾等与公共安全有关信息的服务。其次，它还包括各公共部门如学校、医院、图书馆、公园等面向公众的服务。另外，职业介绍、社会福利的报销与支付、个人证件的办理、证明文件的申请与递送、迁徙和户口的管理及身份认证等，也是这个领域的 G2C 的重要内容。

第二个领域的活动较常规的是市民向政府职能部门缴纳税款和费用，并按相关要求填报各种信息和表格等。还有一项重要的活动是，通过 G2C 电子政务使市民拥有一个参政、议政的渠道。政府利用这个渠道来了解民意、发展民主，从而促使政府的各项管理和服务工作更有针对性，能更好地为公众服务。另外，在紧急情况下，市民向政府报告并且要求政府提供如报警、医疗、急救、火警等服务也属于这个范围。

其实 G2C 的这两个领域是相互渗透，相互依赖的，都是政府对市民的服务。

G2C 电子政务主要包括教育培训服务、就业服务、电子医疗服务、社会保险网络服务、电子证件服务等内容。

1.2 电子政务的发展现状及展望

1.2.1 电子政务评价内容

联合国经济和社会事务部发布的 2008 年度全球电子政务调查报告从电子政务准备度和电子化参与度两方面对联合国 192 个会员国进行了综合评估和对比。其调查的框架和方法如图 1-1 所示。

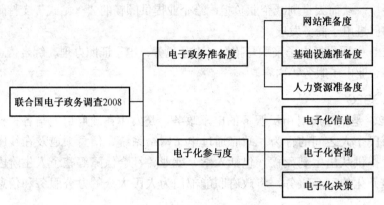

图 1-1　调查的框架和方法

1. 电子政务准备度指标

电子政务准备度指标是复合指标，包括网站准备度指标、基础设施准备度指标和人力资源准备度指标。

（1）网站准备度指标：网站准备度指标建立在"五阶段模型"之上，阶段层次越高，网站准备越充分。评估网站的五阶段模型是：萌芽阶段（Emerging）、提高阶段（Enhanced）、互动阶段（Interactive）、在现业务处理阶段（Transactional）和整合阶段（Networked）准备度。

（2）基础设施准备度指标：基础设施准备度指标 2008 主要包括 5 个方面的指标，反映了与电子政务服务交付有关的信息基础设施的能力。这 5 个指标是：① 每百人互联网用户数；② 每百人拥有个人计算机数；③ 每百人拥有电话线路数；④ 每百人移动电话数；⑤ 每百人宽带接入数。每项指标的权重相同，且每项指标数据均从联合国国际电信联盟获取。

（3）人力资源准备度指标：人力资源准备度指标包括成人识字率和总体入学率。成人识字率的权重占 2/3，总体入学率的权重占 1/3。这两项数据主要从联合国教科文组织获取，另外还有来自联合国开发计划署人类发展报告的数据作为补充。

2．电子化参与度指标

电子化参与度指标用于评估各成员国政府利用信息技术开展公众参与政府政策的制定时，提供信息和服务的质量和有效性，反映公众如何参与及如何发挥政府民主化建设的影响力。电子化参与有助于更加开放民主的政府建设，以信息化途径降低公众参与政策制定的障碍，即电子化民主。

电子化参与，不仅需要政府建立一种允许公众发表看法的环境，更需要政府将公众意见纳入到政府决策过程之中。电子化民主的活动主要有电子化信息、电子化咨询和电子化决策。

电子化信息是指政府网站提供关于政府官员、组织结构、政策法规条例、项目计划、预算、联系方式等社会公众感兴趣的信息。此外，信息还可以通过以下方式公布：论坛社区、博客、文本信息、新闻组和邮件列表等。

电子化咨询是指政府网站提供在线咨询的必要工具，实现政府和公众的对话。政府应当允许公众以电子化的方式提出咨询申请或直接在线咨询，政府应保存好咨询记录并用多种方式答复咨询申请。

电子化决策是指政府建立各种渠道，允许公众通过电子化手段发表意见，并将公众的意见纳入政府决策过程之中，政府还应反馈给公众他们的哪些意见被采纳。

1.2.1　各国电子政务的发展情况

为了更好地反映电子政务的发展，2010 年联合国进行了电子政务调查，此次调查更加注重政府网站的应用，网站提供的公共服务及提供给公民参与决策的机会。调查发现发达国家的电子政务发展排名普遍比较靠前，前 5 名分别为韩国、美国、加拿大、英国和荷兰。具体调查结果如表 1-1 所示。

表 1-1　电子政务发展水平前 20 名的国家

排　　名	国　　家	电子政务发展指标值
1	韩国	0.8785
2	美国	0.8510
3	加拿大	0.8448
4	英国	0.8147
5	荷兰	0.8097
6	挪威	0.8020

（续表）

排　名	国　家	电子政务发展指标值
7	丹麦	0.7872
8	澳大利亚	0.7863
9	西班牙	0.7516
10	法国	0.7510
11	新加坡	0.7476
12	瑞典	0.7474
13	巴林	0.7363
14	新西兰	0.7311
15	德国	0.7309
16	比利时	0.7225
17	日本	0.7152
18	瑞士	0.7136
19	芬兰	0.6967
20	爱沙尼亚	0.6965

　　从表 1-1 中可以看出，排名前 20 名的国家绝大多数是发达国家，这是因为发达国家在发展电子政务时有更好的财政和更先进的技术支持。在此次调查中得分的 2/3 权重由电信基础设施和人力资源构成，这两项都需要长期投资。对于发展中国家来说，投资在线服务、电信基础设施和教育是一项艰巨的任务，这是因为当地公民教育水平低下，很难提供上网普及率。但是值得注意的是，一些发展中国家已经开始追上发达国家电子政务的发展脚步了。例如，巴林岛的电子政务发展非常快速，已经从 2000 年的 42 名上升到了 2010 年的 13 名。巴林岛的电子政务发展注重公民参与和政府的电子采购。

1. 韩国电子政务的发展

　　在 2010 年的联合国电子政务调查报告中，韩国的电子政务发展在全球排名第一，这是因为韩国政府网站提供了丰富的信息和服务。例如，韩国政府门户有多达 500 多个可在线执行的服务，其他各部门网站也有大量在线服务。

　　韩国电子政府网站还具有很高水平的个性化功能，可让用户管理自己的网上活动。此外，其大部分站点提供 PDF 或无线接入，而且几乎所有站点都允许访问者订阅 E-mail 通知。韩国政府网站与用户的互动特色也非常显著。每个政府站点都在显著位置设置了访客留言板块或论坛。韩国在电子政务项目上取得如此巨大的成就，得益于政府上层对电子政务的支持，对电子政务规划清晰的责任界定和世界上最发达的通信网络结构。

1）韩国电子政务的高度发展得益于韩国政府的政策支持

从 1987 年开始，韩国政府开始进行公务员业务计算机化的试点，同时大力推进全社会的信息化，扶持 IT 产业。到 1996 年，韩国已在行政、金融、不动产管理、国民信息管理等业务中实现了电算化和自动化管理。此后，韩国政府开始制定标准化格式，着手统一全国的各项电子行政系统。2001 年，韩国成立了专门的电子政务特别委员会（SCEG），并投入 2 903 亿韩元用于连接公共数据库和简化电子政务系统，提高其效率。当时的韩国总统金大中发表了关于建设基于知识的信息社会的韩国国家发展远景报告。与此同时，韩国成立了由著名专家和政府高级首脑组成的电子政务专门委员会，用于指导和规划韩国的电子政务建设。其电子政务建设的具体内容包括如下几个方面。

（1）创建世界领先的政府服务体系。为实现"任何公民在任何地点通过单击鼠标即可获得满意的政府服务"的建设目标，韩国政府通过构建"唯一视窗电子政府"服务平台，为公民在线提交政府服务申请文件、查询政府信息服务提供了有效、简易的方式，从而极大地提高了政府服务质量和公民的满意度。民众可以选择通过电子方式获取政府发布的各类文件。同时，在"唯一视窗电子政府"服务平台上，政府和各公共服务机构通过网络系统共享各类相关重要信息，人人减少了冗余的行政流程。

（2）构造面向市场和企业的政府，全力支持企业的发展。韩国政府将采购系统和绝大部分的针对企业的服务功能集成到了"唯一视窗电子政府"服务平台上。一方面可积极推动政府服务的透明化，为企业提供高质量的政府服务；另一方面也全面推进了政府公共行政部门的电子政务系统与企业电子商务应用环境的融合，为企业提供了公平的市场竞争环境。

（3）建设更加高效、透明、民主的政府。韩国认为政府透明与民主的基础在于政府各部门和公共服务机构为公众提供实时、高效的政务服务并且公民能够通过电子政务系统与政府实现有效的双向沟通。为此，韩国各政府机构的财务管理、雇员培训、人力资源管理和其他主要内部服务系统均必须迁移到统一的网络系统中，从减少内部的重复工作入手，适时地推进电子审批和电子文档工程，从而实现了政府无纸化办公和政府流程的改造与提升。

2）韩国对电子政务规划清晰的责任界定，法制较为完备

韩国颁布了很多有关电子政务的法律，如保障电子交易活动的《电子商务基本法》和《电子商务消费者保护条例》，规范政府采购的《政府合同法》、《关于特定采购的（政府合同法）的特殊实施细则、政府投资机关法》等，它们都已实施。韩国在推进政府采购电子化时，首先在其原有的较为成熟的公共采购

法律及电子商务法律的基础上，为信息化政务创建了更加完善的立法保障。其次，一些细致的有针对性的立法与完善的技术也起到了重要的作用，如为保障交易过程中信息的完整性，规定所有的采购必须在网上公布其招标信息，以方便所有的竞标者公平竞争，防止腐败。再如为减少信息的误传或泛滥，规定只有电子采购系统发布的招标公告才是合法有效的。

3）韩国拥有世界上最发达的通信网络结构

韩国的通信网络结构包括以下几部分。

（1）国家财政信息系统，为国家财政预算、财政分配、财务结算提供新的工作平台，使得相关财务信息通过各部门之间的信息网络实现共享。

（2）国家教育信息系统，将韩国1 000多所中小学16个州（省）的政府教育部门、韩国教育部整合在一个统一的网络系统中，这样学生、家长和教育工作者均可共享全国的教育资源，同时促使教育行政管理工作变得更有效率，教育工作者的文书工作量也大大下降，重复劳动大为减少。另外，国家教育信息系统也向全社会提供优质的教育服务和终身教育机会。

（3）地方政府网络系统，在韩国232个地方政府之间实现包括居民注册、交通工具登记、家庭注册等信息在内的完全共享，从根本上提高政府服务的效率和透明度。

（4）包括雇佣、提升、赔偿、培训、社会福利在内的完整、规范、透明、公正、高效的政府公务人员管理系统。

2. 美国电子政务的发展

2010年美国的电子政务发展情况在全球排名第2，比2008年的第4名上升了2名。电子政务的发展推动了美国政府改革向纵深方向发展，重塑了其对公众的服务流程，加强了政府与公众间的互动，建立了以公众为导向的电子政务，为公众提供了更多的获得政府服务的机会与途径，受到了公众普遍的支持。

美国电子化政府的应用重点主要体现在以下几个方面：建立全国性的、整合性的电子福利支付系统；发展整合性的电子化信息服务；提供"共用信息服务站"的服务，如提供个人计算机及其他各种渠道的信息获取和服务；发展全国性的执法及公共安全信息网络；提供跨越各级政府的纳税及交税处理系统；建立国际贸易资料系统；推动政府部门电子邮递系统的发展。美国"电子政务"的基础架构为：建立一套共同的整合性政府运作程序，提供给民众前台便捷申请服务，且所有跨部门的申请事项将会由系统自动处理，民众无须介入；提供一套共同的统一信息技术工具、获取信息方法及服务措施，增强标准化和交互性，使政府各部门可以共享信息，减少政府部门对信息的垄断；使政府服务面对民众，渠道多元化、窗口单一化。也就是说，民众可以利用各种渠道，通过各部门交互串通的"单一窗口"，"一站到底"获取政府的信息和服务。

美国电子政务建设的主要做法和经验如下。

（1）坚持"以公民为中心"进行电子政府建设。

"以公民为中心、以成效为导向、以市场为基础"不仅是美国政府的改革原则，同时也是美国政府建设电子政府的指导原则，其核心是"以公民为中心"，美国总统布什提出电子政府的主要目标有三个：一是使公民能够方便地和政府进行交互并获得服务；二是提高政府效能；三是提高政府响应公民的能力。可以看出，其中两个目标都和公民紧密相连，这反映出美国采用以"公民为中心"的电子政府，对转变政府职能和工作机制，重塑政府对公民的服务工作，减少政府在提供服务过程中的失误与欺诈行为，增进服务质量等有着不可替代的作用。

（2）自上而下高度重视电子政务工作。

美国政府从克林顿总统到布什总统，都将建设"电子政府"作为政府改革的重要方向，对实现高效能电子政府高度重视，并把加大使用互联网和计算机资源来提供政府服务（电子政府）作为政府改革的五大目标之一。美国各级地方政府也非常重视电子政务工作，如弗吉尼亚州在州长沃纳先生的提议下设置了内阁级的首席信息官，专门负责主持并领导该州的电子政务工作。

（3）高度重视电子政府安全体系建设。

一是通过颁布各项法律法规和各种文件，如联邦信息管理安全法、电子签名法、国家信息基础设施保护法、计算机安全法、电子通信隐私法、计算机欺骗和滥用法等，从法律上保护信息的安全和隐私。美国政府还规定，任何联邦政府的信息系统在没有通过隐私保护的评估和将评估报告送交美国政府首席信息宫之前，均不得开始采集公众信息和投入使用。二是建立完备的安全体系机构，从人员安全、物理安全、信息技术解决方案、安全管理规定和冗余五个层次进行安全防范。美国电子政府采取的主要措施主要有用户身份认证和审查、存取控制、存取管理、防抵赖、收据保留、完整性、隐私和加密、服务可用性、信息可用性、审计和记录等，使用的主要技术包括虚拟专用网（Virtual Private Network，VPN）、公开密钥基础实施（PKD）、安全套接协议层（Secure Sockets Layer，SSL）、入侵检测和数字签名等。三是从资金上予以保证，如政府拨款1亿美元专门用于开发数字签名技术，以确保电子政府网上通信的安全。

（4）社会运作与政府推动相结合，奠定应用基础。

实施以"公民为中心"的电子政务离不开社会各界的参与和政府的积极推

动。美国政府、慈善机构和部分企业通过在学校、图书馆等公共场所提供免费上网服务，在边远乡构建设宽带网设施，推动残疾人上网工程等措施，为电子政务应用奠定了基础。在积极为企业、公民创造上网条件的同时，美国政府还加强宣传，主动推销服务，积极引导公民利用政府网络服务。

（5）制定政策健全法律，提供完备的法制保障。

美国政府通过制定电子政务政策性文件和健全法律法规体系为电子政务提供了保障。据统计，美国共颁布了与电子政务有关的法律法规 32 部。其中，最主要的有 1993 年的政府绩效法、1994 年的联邦采购简化法、克林格-科恩法（信息技术管理改革法和联邦采购改革法）、1998 年的政府文书工作消除法、电子政府法等。此外，还包括总统令和备忘录 27 项，预算和管理办公室制定的有关电子政务文件 31 个等，内容涵盖美国电子政务的战略、管理、资金、安全、隐私保护、采购等诸多方面，为开展电子政务提供了较为完备的法制保障。

（6）借鉴电子商务经验，采取市场运作模式。

美国进行电子政府建设不仅为了实现政府的高效廉洁，更重要的是提升美国经济在全球经济的竞争能力。因此，美国政府充分借鉴电子商务的成熟经验，把电子政务作为电子商务的一种特殊形式进行建设，广泛采取了市场运作模式，市场化程度很高。例如，美国国家信息财团公司（NIC Inc.）和美国 18 个州、9 个地方政府合作，共同建设政府信息港，推动电子政务应用，走出了一条良性循环的可行之路。政府信息港的建设和维护完全走的是政府搭台、企业唱戏、市场运作的模式，不仅未花费美国政府一分钱，每年还有大量利润用于电子政府的发展和股利分配。据美国国际信息财团公司年度财务报者显示，电子政务的赢利 1999 年为 1 610 万美元，2000 年为 2 690 万美元，2001 年为 3 920 万美元，2002 年为 4 750 万美元。电子政务收益年年上升，走上了良性循环的道路，为如何建设、管理和经营政府网站找到了一条可行之路。

当然，美国的电子政务在实施过程中也遇到了许多问题，在一定程度上阻碍了电子政务的发展。例如，电子政务应用缺乏统一的评价标准；某些部门各自为战，形成了一些自动化孤岛；部分部门担心电子政务应用会引发部门重组，拒绝改变现存工作方式等，这些问题不仅是美国电子政务建设中存在的问题，也是每一个国家发展电子政务时会碰到的问题。对此，我国的电子政务建设过程要引以为戒。

3. 加拿大电子政务的发展

在 2010 年的联合国电子政务调查报告中，加拿大排名第 3。加拿大拥有良好的国家信息基础设施，拥有世界上最先进的广播系统。加拿大把信息化政府的核心信息基本框架定位在以下几个方面：一是信息化商务信息基本框架及服务；二是单一窗口创新措施的支持服务，即"一站到底"服务中心的支持服务，共同信息服务站的支持服务；三是网络合理化和管理服务，如各种通信服务、网络管理主控中心服务及骨干网络服务等；四是资料处理设施管理服务等。值得注意的是，发达国家在确定电子政务的目标时，就把信息化服务作为重要的衡量指标之一。

加拿大政府在推动政府信息化方面主要采取了如下措施：

（1）推行电子化的公开招投标系统，使全国的企业和公司都有同等的机会对政府采购活动投标；

（2）推行单一的商业注册登记号码；

（3）推行各电子布告栏和利用互联网传送政府的电子文件；

（4）扩大和推动电子商务的应用。

在电子政务建设方面，加拿大政府大力推广和加大电子政务在各行业的应用，不仅实现了教育、就业、医疗、电子采购、社会保险等领域的政府电子化服务，而且根据需要不断增加和集成新的政府门户网站，先后建立了政府门户网站、出口资源网站、青年网站等诸多政府网站。从 2000 年开始，加拿大政府开始了一个"c 分组"战略，从以用户为中心的原则出发，共归纳出 35 个政府信息和服务的群组。据此，2001 年 1 月，加拿大便完成了政府门户网站用户可按"加拿大公民"、"加拿大企业"及"非加拿大公民"三类选择进入。

加拿大的电子政务之所以能够迅速发展，与加拿大良好的基础设施大有关系。加拿大号称是全球联网率最高的国家，全国主要城市均有高速数据网联通，通信上网费全球最低。由其政府、企业共同参与建设的国家光纤网已于 2001 年建成。加拿大在信息基础设施方面的巨大优势为其发展电子政务打下了坚实的基础。

加拿大政府正在推动的电子政务应用项目包括：

（1）推动电子化的公开投标系统，使加拿大各地的公司都能有同等机会和政府交谈；

（2）采购活动投标；

（3）推行单一的商业注册登记号码；

（4）运用电子资料交换系统推动"电子商务"，进行政府采购、支付和税费的征收；

（5）试行以电子布告栏及国际互联网传送政府的电子文件。

加拿大政府正采取一系列的策略性创新措施，将共同性的需求整合成一个整合性的电子信息基本架构。这个信息架构包括的主要要素有数字化的主体网络、声音网络、本地电话系统，渥太华地区光缆通信网络，政府企业网络，移动通信服务设施等。

4. 中国电子政务的发展情况

2010 年的联合国电子政务调查报告显示，中国的电子政务发展情况在全球排名第 72，从 2008 年的 65 名下降了 7 名。报告特别介绍了中国政府网的（www.gov.cn）一些值得借鉴的做法，如鼓励民众参与、通过网上投票听取民众意见、利用音频和视频等多媒体手段发布信息和政策等，但该网站也存在诸多问题。

1）目前电子政务存在的问题

（1）观念守旧和业务流程低效的问题。

传统的政府运作机制对政府工作人员有着较深的影响，他们习惯于传统的手工办公模式，习惯于将拥有的政府信息资源封存起来，同时也为了保护他们既得利益，不愿重组政府流程。这种做法往往制约着信息化的进度，结果往往是计算机处理方式要沿用旧的或现成的处理方式行事，这与电子政务的发展要求相违背。

（2）浪费资源和不切实际。

部分政府及官员对电子政务的建议存在盲目性，对于电子政务项目需求考虑不周，忽视了从实际出发。随着电子政务项目一哄而上，在数据库、应用系统的建设上，不考虑同其他部门的互联互通、协同办公，而是自成体系、互相封闭。"孤岛效应"给我国的电子政务发展带来了严重的阻碍。电子政务的基础是政府与公众信息的互联互通，而随着电子政务的发展，有的部门却把自己掌握的相关数据当成"独家秘籍"，不愿意共享。

（3）缺乏近期计划和长远规划。

政府部门对电子政务的建设过于侧重硬件的投入，政府上网工程的启动使政府部门大多完成了互联网站的建立工作，并通过网站推出了各种网上办公业务，但对于近期的计划及长远的规划缺乏清晰的认识和思路；网站都以内容简介、部门设置、政策法规等说明性文字为主，缺乏与公众的沟通及互动性，实用性不足。同时，网站设计千篇一律，相应的内容也少于更新，网上办公只停于表面，很难真正为公众解决实际问题。

（4）安全与保密问题。

电子政务系统行使政府职能时，必然会受到来自外部或内部的各种攻击，包括黑客组织、犯罪集团或信息战时期信息对抗等国家行为的攻击。如果一个敌对国家有计划地对我国政务信息系统进行监听和破坏，关系到国计民生的绝密数据被窃取或篡改，后果将不堪设想。因此，电子政务安全建设中极为关键的一点就是保证信息的安全。

2）促进电子政务发展的措施

（1）建立新的政府工作流程，更新政府工作人员观念。

政府工作流程的重组是实现电子政务的基础，是进行电子政务信息资源建设的基础。要实现电子政务信息资源的共建共享，必须对传统的政府运作机制和工作流程进行整合，将那些不适应电子化政府管理要求的政府运作机制和工作规范废除，并构建出适合电子政务运行的全新的政府工作流程，从而为网络环境下的政府信息资源建设提供一个简便的操作平台。政府工作流程是否简便、务实、高效、流畅，可以从电子政务信息流反映出来，这是因为电子政务信息流是电子政府工作流程的外在表现形式。简便、务实、高效、流畅的电子政务信息流的基础是科学合理的政府工作流程。另外，在电子政务环境下，政府工作人员必须更新原来手工业务处理的方式及观念，树立政府信息为全社会公众所共有，政府信息必须向社会公开的观念，以利于加快电子政务信息资源建设的进程。

（2）建立电子政务信息资源的管理机构。

在电子政务信息资源的建设过程中，为了避免各地区和各部门的重复建设，应建立一个全国性的电子政务信息资源的管理机构。这是一个实现全国电子政务信息资源共建共享的权威机构，负责全国电子政务信息网络的管理和营运，协调网络的运行。它制定电子政务信息存储、交换、传递的统一的代码标准，统一的电子政务安全标准，统一的电子政务术语标准；负责建立统一的电子政务信息网络，管理和协调各地区和各部门的电子政务信息资源共享建设。另外，它还负责建立各地区的区域性的电子政务信息资源的管理和协调机构。这些地区性的机构在它的领导下，进行本地区的电子政务信息资源共享建设，在此基础上再实现全国电子政务信息资源的共建共享。

（3）建立电子政务信息资源应用系统。

我国的政府掌握着数以千计的非常有价值的数据库，占社会信息资源的80%，但大部分是"死库"，我国电子政务建设的目标就是要运用先进的信息技术和网络技术使"死库"活过来，为社会公众服务。因此，可围绕网络环境下的信息采集、处理、管理和服务等应用，建立基于数据库的电子政务信息资源应用系统，包括综合服务系统，具有信息发布、信息检索、导航服务、信息处理、电子杂志等功能；公文处理系统，具有收文管理、发文管理、公文管理、公文检索、会议管理等功能；管理决策支持系统，具有信息处理、信息查询、决策分析等功能。并且应开发具有可读性、可检索的终端用户界面，以满足不同类型不同层次使用者的信息需求。

（4）制定统一的电子政务标准。

电子政务的标准通常可分为以下几类：电子政务基础标准、电子政务应用标准、电子政务相关标准、电子政务安全标准、电子政务管理标准、电子政务服务标准和电子政务网络标准。电子政务标准化是电子政务建设中极为重要的部分，重视电子政务标准化工作是确保电子政务应用系统与业务系统互联互通、信息共享、业务协作及安全保密的基础，也是电子政务信息资源建设的基础。

（5）制定政府信息公开法。

人类社会自从有了国家以来直至工业化社会，政府部门始终把垄断信息当做自己的特权之一，认为政府信息理应归政府所有。但是到了信息社会，信息的社会共有性得到了包括法律界的社会各界的普遍承认，政府不能再独自占有信息。美国于 20 世纪 60 年代就制定了《信息自由法》，规定信息由社会所共有，其他国家也相继制定了类似的"信息公开法"，我国虽然还没有制定相关的专项法律，但人民享有知情权是一项宪法规定的权利，可以通过"权利推定"予以肯定。依照我国宪法所体现的"人民主权"的原理与原则，人民理应享有知情权。也就是说，社会公众有权享用信息，其中包括主要由政府部门掌握的政务信息，公开信息是政府必须履行的职责和义务。我国为了适应信息社会的发展要求，为了更好更快地实现电子政务，正在组织各方面的专家调查研究制定"政府信息公开法"的合理方案，起草有关法律条文。相信我国的"政府信息公开法"很快就会出台。电子政务的一个重要功能，也是一个重要目的，就是要打破政府部门对信息的垄断，使社会公众可以获得更多的政府公共信息资源，实现电子政务信息资源的全社会共享。与之相适应，我们必须树立信息公开的意识，为使公众公平享用本该享用的信息创造一切条件。

"十二五"时期，我国电子政务的发展趋势包括如下方面：经济建设方面、行政体制改革层面和网络参与方面。中国电子政务趋势总体上可归纳为 10 个字："整合（对已有系统的深入整合）、协同（重点实现业务的跨部门协同）、互联（克服条块分割、部分分隔，加快实现互联互通）、共享（在整合、互联、协同的基础上提高资源共享的水平）、重构（按照政府组织体系的调整，重构一些重大综合应用项目）"。具体表现在以下 9 个方面。

（1）电子政务建设的重心下移，在推进城乡一体化战略和省直管县方面将发挥重要作用。例如，武夷山花很少的钱把全部乡镇和行政村全部集合起来，提供了非常多的服务。他们把重心移到下面去，把所有行政村都考虑进去了，这一思路值得推广。

（2）在促进区域经济增长方面集中发挥重要作用，重点是为区域经济社会发展服务。

（3）以建设服务型政府为目标，重点发展以公众为中心的服务型电子政务，如各种便民服务应用项目。

（4）基层政府应搭建发展基于互联网的电子政务，提升基层政府的公共服务能力。

（5）围绕基本公共服务均衡化，构建一些全国关注的应用项目，如医疗、教育、社保、就业、住房、就业。

（6）大部制改革的深入，为推进跨部门的协同电子政务，促进信息资源共享提供更大空间。

（7）加强电子政务的法治环境建设，逐步取消电子、手工的双轨制。很多地方的电子化水平很高，但是由于它们采用的是双轨制，即电子流程完之后还要补一个盖公章纸质版，造成了很大的麻烦，所以等法治进一步健全以后要逐步改善这种双轨制。

（8）以行政服务中心为电子政务的重点，将商品营销服务、办事服务提升到一个新水平。

（9）适应行政管理体制改革需要，不断探索完善电子政务管理的体制和机制。

1.2.3　电子政务发展展望

随着云计算和物联网新技术在电子政务领域的创新应用，电子政务将会朝着新的趋势发展。

1. 基于云计算的电子政务

云计算提供安全可靠的数据存储中心，能有效降低电子政务信息资源的共享风险。当前困扰电子政务信息资源共享的最大问题仍是信息安全问题，而云计算模式可以有效地解决这一问题。在云计算模式中，电子政务数据可以集中存储在"云海"中的某一个数据中心或者某几个数据中心里，由数据中心的管理者对其进行统一管理、分配资源、均衡负载、部署软件、控制安全，并进行可靠的安全实时监测等，从而可有效保障这些数据的安全。另外，在资源共享方面，云计算遵循严格的权限管理策略。在云计算模式中，电子政务信息资源管理部门可以根据信息共享的要求，划定数据共享级别，并交由云计算系统的数据管理中心严格执行。这样可以大大降低因共享而造成的泄密风险，从而有效确保数据的安全。

云计算提供用户端需要的设备与技术，能有效减少电子政务信息资源的共享成本。在云计算模式中，互联网的计算架构由"服务器+客户端"向"云服务平台+客户端"演变，由云服务提供商来提供具体的硬件配置和更新，用户端所需做的只是通过各种终端设备享受自己需求的信息、知识、服务等。若将云计算应用于电子政务信息资源共享系统，各电子政务信息资源用户端就可以在不改变设备与技术的条件下（甚至还可以将用户端的设备和技术精简到最低限度）充分利用云服务商提供的硬件和软件，以最小的成本获取自己所需的信息，从而达到降低共享成本的目的。另外，在云计算模式中，各电子政务信息资源用户端不需要自己配置资源而是共同利用云服务平台资源，实现云服务平台资源的利用最大化。从社会资源配置层面来看，这也是减少电子政务信息资源共享成本的另一个体现。

云计算提供不同服务器间的数据共享环境，能有效扩大电子政务信息资源共享范围。目前我国电子政务网络数据基本上处于"分布式存储、分布式访问"的状况，用户要访问不同数据库的内容需要检索不同的数据库。然而，云计算模式可以在技术和管理上将分布式存储的数据库和"一站式"的检索界面结合起来，并通过一定的协调调度策略将数万乃至百万的普通计算机联合起来，帮助用户高质量地完成任务。在现阶段，当云计算模式应用于电子政务信息资源共享系统后，它可以将目前分散在不同服务器上的数据库统一起来，为用户屏蔽"后台"，提供"一站式"的服务，并利用其超计算能力快捷地帮助用户查找到自己所需要的信息，有效地提高电子政务信息资源管理共享的效率，扩大共享范围。

云计算提供全方位的高效交互平台，能有效满足电子政务信息资源的个性化需求。提供个性化服务是现代信息服务工作的基本内容之一，但是在当前，由于种种条件的限制，电子政务信息资源的个性化服务仍不尽如人意，而云计算模式在改善电子政务信息资源个性化服务方面具有明显的优势。一方面，在云计算模式中，运用云网强大的计算能力和几乎无限的带宽可以为电子政务信息资源共享提供一个良好的交互环境，有助于政府信息资源管理部门及时了解用户要求，有的放矢地提供个性化服务；另一方面，云计算还是一种开放式的环境。在这一环境下，可以运用云计算平台的强大功能整合播客、博客、维基百科等服务技术和模式，提升电子政务信息资源个性化服务的能力，从而有效满足用户的个性化需求。

2. 基于物联网的电子政务

物联网，作为一种利用传感技术、信息网络技术促进产业升级、推动"智慧城市"发展的新兴网络，目前已上升到国家经济、科技战略层面，成为世界各国布局"后金融危机时代"必争的制高点。

物联网已有部分应用进入了人们的生活。例如，把针对井盖、垃圾站、出租车、"一卡通"、路灯智能管理、污染排放在线监测等进行管理的小网络联起来，就建起了一个市政管理的物联网。

发展基于物联网的电子政务，可以充分利用此前的信息化建设成果，以便快速、高效、节约地构建网络。例如，通过发展"数字城市"建立的基础地理信息系统，就可以在物联网建设中发挥重要作用。通过查询地理信息系统，可以发现一个井盖在哪里；如果在此处加装一个智能感应器后，就可以知道这个井盖是否被搬移或偷窃；当把所有的城市井盖都加以定位并加装感应器后，就形成了一个对城市井盖进行统一管理的小物联网，市政管理可以利用这样的小物联网信息进行有效的监督管理。

本章知识小结

本章在介绍电子政务的定义基础上，重点介绍了电子政务应用的三大模式，并在联合国电子政务调查的基础上介绍了各国电子政务的发展现状及展望。电子政务应用的三大模式分别为 G2G、G2B 和 G2C。2010 年各国电子政务发展水平的前 5 名分别为韩国、美国、加拿大、英国和荷兰，中国排名第 72。

思考题

1. 电子政务的功能有哪些？
2. 电子政务的发展经历了哪几个阶段？
3. 美国和英国的电子政务发展对中国的电子政务发展有什么样的借鉴意义？
4. 我国电子政务发展中存在的问题及改进措施是什么？
5. 电子政务的发展趋势如何？

参 考 文 献

[1] 金江军，潘懋. 电子政务理论与方法. 北京：中国人民大学出版社，2010.

[2] 徐晓日. 电子政务概论（第二版）. 天津：天津大学出版社，2008.

[3] 白庆华. 电子政务教程. 上海：同济大学出版社，2009.

[4] 汤志伟，张会平. 电子政务的管理与实践. 成都：电子科技大学出版社，2008.

[5] 柯志力. 电子政务与政府管理创新研究. 厦门大学公共管理学院，2005（2）.

[6] 吴梦肖. 信息化时代我国政府管理模式的取向研究. 西安理工大学，2008（3）：
    34-40.

[7] 陈果. 我国电子政务与服务型政府交互发展研究. 湖南大学，2007 年 5 月（5）：
    19-23.

第 ② 章

电子政务体系

本章内容:
电子政务的逻辑结构
政府信息资源规划和共享模式
电子政务安全体系
电子政务与信用体系

2.1 电子政务的逻辑结构

我国电子政务的总体逻辑结构框架由服务与应用系统、信息资源、基础设施、法律法规与标准化体系、管理体制等几方面构成，如图 2-1 所示。其中，服务是宗旨，应用是关键，信息资源开发利用是主线，基础设施是支撑，法律法规与标准化体系、管理体制是保障。

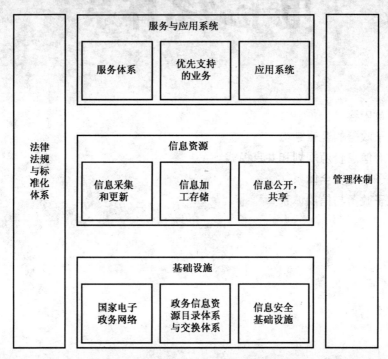

图 2-1 我国电子政务的总体逻辑结构框架

1. 应用系统

应用系统是我国电子政务建设的主要内容，也是我国电子政务总体框架的重要内容之一。到"十一五"期末为止，我国已建、在建和拟建的电子政务应用系统包括办公、宏观经济、财政、税务、金融、海关、公共安全、社会保障、农业、质量监督、检验检疫、防汛指挥、国土资源、人事人才、新闻出版、环境保护、城市管理、国有资产监管、企业信用监管、药品监管等。这些应用系统为党委、人大、政府、政协、法院、检察院提供了电子政务技术支持。

"十一五"期间，应用系统建设的要求是：围绕优先支持的业务，以政务信息资源开发利用为主线，以政务信息资源目录体系与交换体系为支撑，兼顾中央和地方的信息需求，统筹规划应用系统建设；重点是完善已建应用系统，强化已建系统的应用，推动互联互通和信息共享，支持部门间业务协同；对新建的应用系统，要根据业务发展需要，统筹规划建设。与此同时，各地区、各部门要做好需要优先支持业务的流程梳理，搞好部门应用系统和地方综合应用系统的衔接，以使应用系统的建设有利于深化政府机构改革和优化组织结构，避免简单地在原有体制和业务流程基础上进行建设。

2. 信息资源

政务信息资源是政府在履行职能过程中产生或使用的信息，为政务公开、业务协同、辅助决策、公共服务等提供信息支持。政务信息资源的开发利用是推进电子政务建设的主线，是深化电子政务应用取得实效的关键。其主要内容包括信息的采集和更新、信息的公开和共享。

3. 基础设施

基础设施包括国家电子政务网络、政务信息资源目录体系与交换体系、信息安全基础设施。基础设施建设要做到统筹规划，避免重复投资和盲目建设，以提高整体的使用效益。

1）国家电子政务网络

国家电子政务网络由基于国家电子政务传输网的政务内网和政务外网组成。政务内网由党委、人大、政府、政协、法院、检察院的业务网络互联互通形成，主要满足各级政务部门内部办公、管理、协调、监督及决策需要，同时满足副省级以上政务部门特殊办公需要。政务外网主要满足各级政务部门进行社会管理、公共服务等面向社会服务的需要。政务内网和政务外网的建设，要充分利用国家公共通信资源，形成连接中央和地方的、统一的国家电子政务传输骨干网。中央和各级地方要按照统一标准规范、统一地址和域名，分级规划，分别实施，分级管理，推进电子政务网络建设，逐级实现互联互通。各地区、各部门开展电子政务建设，原则上必须依托国家电子政务网络进行。电子政务系统的网络运行环境不同于一般的信息系统，由于电子政务系统中运行的是关系国民经济和政府运行的重要和机密的信息，所以对网络基础设施和应用系统有更高的要求。

2）政务信息资源目录体系与交换体系

政府应按照统一的标准和规范，逐步建立政务信息资源目录体系，为各级政府和政府各部门提供信息查询和共享服务；逐步建立跨部门的政务信息资源交换体系，围绕部门内信息的纵向会聚和传递、部门间在线实时信息的横向交换等需求，为各级政府和政府各部门的社会管理、公共服务和辅助决策等提供信息交换和共享服务。政府应依托统一的国家电子政务网络，以优先支持的业务为切入点，统筹规划、分级建设覆盖全国的政务信息资源目录体系与交换体系，支持信息的交换与共享。

3）信息安全基础设施

信息安全基础设施贯穿于电子政务建设的方方面面。电子政务系统的安全体系不仅局限于各类网络层的安全措施，整个安全体系必须贯穿于从网络层、系统层乃至应用层的所有环节，只有这样才能保证电子政务系统中政府管理和业务信息资源的安全可靠。因此，应围绕深化应用的需要，加强和规范电子政务网络信任体系的建设，建立有效的身份认证、授权管理和责任认定机制；应建立健全信息安全监测系统，提高对网络攻击、病毒入侵的防范能力和网络泄密的检查发现能力；应统筹规划电子政务应急响应与灾难备份建设，完善密钥管理基础设施，充分利用密码、访问控制等技术保护电子政务安全，促进应用系统的互联互通和信息共享。

同时，要把信息安全基础设施建设与完善信息安全保障体系结合起来，按照"谁主管谁负责，谁运行谁负责"的要求，明确信息安全责任。还应根据网络的重要性和应用系统的涉密程度、安全风险等因素，划分安全域，确定安全保护等级，搞好风险评估，推动不同信息安全域的安全互联。

4．法律法规与标准化体系

政府应围绕规范信息资源开发利用和基础设施、应用系统、信息安全等建设与管理的需要，开展电子政务法律法规建设的研究，推动政府信息公开、政府信息共享、政府网站管理、政务网络管理、电子政务项目管理等方面的法规建设，推动对相关法律法规的制定、修订和研究。

电子政务标准化体系是电子政务建设和发展的基础和根本原则之一，是确保系统互联、互通、互操作的技术支撑，是电子政务工程项目规划设计、建设管理、运行维护、绩效评估的管理规范，贯穿于电子政务建设的始终。电子政务标准化体系应以国家标准为主体，充分发挥行业标准在应用系统建设中的作用。它由总体标准、应用标准、应用支撑标准、信息安全标准、网络基础设施标准、管理标准等组成。其中，要重点制定电子公文交换、电子政务主题词表、业务流程设计、信息化工程监理、电子政务网络、目录体系与交换体系、电子政务数据元等标准，逐步建立标准符合性测试环境。此外，要加强标准的宣传、贯彻和培训，强化标准在电子政务建设各个环节中的应用，以规范各地区、各部门的电子政务建设。

5. 管理体制

各地区、各部门要按照国家信息化领导小组的统一部署，相互配合，相互支持，共同促进我国电子政务的协调健康发展；要加快推进各方面改革，使关系电子政务发展全局的重大体制改革取得突破性进展，建立健全与社会主义市场经济体制相适应的电子政务管理体制。各相关部门还要进一步加强和改进管理，促进电子政务充满活力、富有效率、健康地发展。

与此同时，要把电子政务建设和转变政府职能与创新政府管理紧密结合起来，形成电子政务发展与深化行政管理体制改革相互促进、共同发展的机制；创新电子政务建设模式，逐步形成以政府为主、社会参与的多元化投资机制，提高电子政务建设和运行维护的专业化、社会化服务水平；围绕电子政务的建设和应用，加强技术研发，提高产业素质，形成有利于信息技术创新和信息产业发展的机制。

2.2　政府信息资源规划和共享模式

2.2.1　政府信息资源规划的概念和作用

政府信息资源规划（Government Information Resource Planning，GIRP）是指对政府部门信息资源的描述、采集、处理、存储、管理、定位、访问、重组与再加工等生命周期全过程的全面规划，其核心是运用先进的信息工程和数据管理理论及方法，通过总体数据规划，打好数据管理和资源管理的基础，促进实现集成化的应用开发；其目的是对信息资源的建设与开发利用过程进行科学设计与协调，对信息资源的分布与配置进行合理布局，降低信息资源冗余度，使政府信息采集、整序、组织和发布的费用减至最小，最大限度地增加政府信息资源的有用性，应用现代信息技术提高政府工作效能。

政府信息资源规划是为了使政府信息资源管理达到预定的目标和取得预期的效果，在分析政府和公众的信息需求，分析现有的信息资源状况和环境条件的基础上，制定政府信息资源管理规划或行动方案的过程。简单地说，规划就是要确定做什么、如何做和谁去做。

政府信息资源规划工作的主要内容有以下几个方面。

（1）调查分析信息需求和数据流，即按政务活动的主要职能调查已有的数据库，提出新的信息需求并进行流量分析。

（2）识别与信息资源管理有关的政府机构的战略业务规划和任务及其中的各种组成要素。

（3）确定政府机构的战略信息需求，全面评估目前的环境条件（如现有的业务流程、信息技术架构、信息系统和网络、信息资源及其利用状况、管理层和政府工作人员的认识和态度等），建立描述政府的业务、活动、信息的管理模型，建立信息资源管理的目标架构，制订战略实施计划等。

（4）建立信息资源管理基础标准，如数据元素标准、信息分类编码标准、用户视图标准和数据库标准等。

（5）建立政府部门主要职能领域的信息系统框架，在大量的分析综合工作的基础上建立系统功能模型、数据模型和信息体系结构模型。

政府信息资源管理规划所要解决的主要问题是在各种行动方案中做出正确的抉择，在政府信息资源管理与政府机构的发展目标之间"铺路架桥"。国家要加快组织制订国家信息资源开发利用的专项规划，协调推进国家信息资源的建设、管理、应用和服务。各部门、各地区的信息化领导机构和办事机构要强化信息资源开发利用的管理职能，定期编制政府信息资源开发利用的专项规划，切实领导组织和协调推进本部门、本地区的信息资源开发利用工作。

2.2.2　政府信息资源规划的基本工作步骤

政府信息资源规划的基本工作步骤包括政府信息资源采集、政府信息资源加工整合、政府信息存储、政府信息公开等。

1. 政府信息资源采集

政府信息资源采集一般可以分为采集需求分析、采集信息源分析、采集途径分析、采集的实施和采集结果的评价。

（1）采集需求分析。在进行信息资源采集之前，应该进行需求分析，明确采集的目标，这是整个采集工作的起点，也是整个工作的关键所在。信息资源采集的需求分析至少包括二个部分：第一，明确采集工作所服务的对象与目的；第二，明确采集的具体内容；第三，确定采集的范围。

（2）采集信息源分析，即根据需求分析，选择合适的信息源。信息资源采集的来源广泛，形式多样，不同的信息，其作用、特点也不相同。

（3）采集途径分析。根据需求分析，也要采用不同的采集途径及其相应的策略。首先应根据工作的特征，决定通过何种途径入手进行采集，然后选择具体的执行方案。

（4）采集的实施。在掌握真实需求的前提下，明确了信息源、采集途径，就可以开始信息资源的采集了。在采集实施过程中需要及时监控，并根据出现的新问题或者采集的初步结果进行及时的调整。

（5）采集结果的评价。在采集工作结束后，应该依据一定的标准对采集结果进行客观评价。这些评价可以作为以后采集信息源分析、采集途径分析的依据或参考。只有不断地对采集工作进行评估，才能保证采集到满意的结果。

2．政府信息资源加工整合

要实现对政府信息的有效利用，必须根据需求对这些信息按照一定规则和方法加以组织整理，形成有序的信息资源。信息资源加工整合常用的方法有分类组织法、主题组织法、号码组织法、超文本组织法、元数据组织法、索引法、目录法等。

3．政府信息存储

信息存储是指将经过选择、描述、加工、整合后的信息按照一定的格式与顺序存储在特定载体上的活动。政府信息存储的目的是使信息有一个稳定的存储基础，便于信息管理者和信息用户快速准确而持久有效地识别、定位、检索和利用信息。

4．政府信息公开

为提高政府工作透明度，保障公民、法人和其他社会组织的合法权益，监督政府机关依法履行职责，根据有关法律法规，政府机关应向社会公开有关政府信息。政府应根据信息的性质，规定信息的不同公开与保密级别，界定政府保密信息、内部共享信息、公共信息的范畴。所有信息，只要不属于依法应保密的范围，只要公开不危及国家安全、公共安全、经济安全和社会稳定，都应向社会公开。任何公民、法人和组织均有权依法查询和复制。

2.2.3　政府信息资源共享的路径和模式

1．政府信息资源共享的路径

信息资源的价值在于利用，随着共享技术的成熟，实现跨部门、跨时空信息资源共享的前提条件已经具备，问题的关键在于政府信息资源共享路径的选择。只有全面整合各方资源，充分挖掘利用每个信息渠道、信息载体及信息机构的作用，通过共享手段机制的多元化才能实现真正意义上的政府信息资源共享，提高全社会的信息福利。也就是说，"建立政府信息资源共享的路径选择应在公民、社会及政府行政系统三者之间有序推进"。政府信息共享系统具体包括两部分：一是政府信息的社会共享系统，包括政府信息公开与信息增值服务两方面；二是政府信息的行政共享系统，主要指行政决策咨询和业务信息管理系统。政府信息资源共享的多元路径选择如图 2-2 所示。

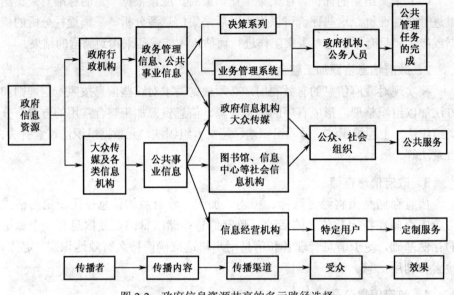

图 2-2　政府信息资源共享的多元路径选择

2．信息资源共享的模式

从信息资源所涉及的主体讲，电子政务建设中要实现以下三种类型的信息资源共享。

（1）上、下级政务系统之间要实现互联互通。上、下级政府系统之间的信息资源共享主要是指政务信息的上报下达。

（2）同级政府部门系统之间要实现信息资源共享。

（3）政府与社会之间要信息资源共享。这实际上是信息公开问题，也就是政府部门依法向社会公开政府所掌握的信息资源的问题。

根据电子政务信息系统功能与目标的不同，可以将政府信息资源共享模式分为政府信息公众开放系统模式、政府信息资源的增值服务模式、政策研究信息共享系统模式及政府业务自动管理系统模式四种。

1）政府信息公众开放系统模式

政府信息公众开放系统是向公众提供免费信息服务的系统，主要提供以下三类信息。

（1）公告性内容：政府认为应当让公众了解的规范化信息，如政府公告，各种法律、规章、统计数据、政府工作报告、工作规划、司法解释、案例，各种需要公众理解、配合的情况等。

（2）服务性内容：帮助政府改善对社会服务效率的信息服务内容。公众需要与政府打交道的事情很多，如出生、死亡、婚姻、出入境、纳税、上学、工商登记、办理许可申请等，良好的网上信息沟通渠道会大大提高政府服务的效率，节省公众的时间。

（3）透明性内容：用以提高政府工作的透明度，有利于接受公众的监督，防止政府的腐败。通过公开的政府网站，公众可以查寻政府的工作流程、工作进度，可以了解政府对某些事情的态度，决策过程经费的使用状况，而网站也可以接收来自公众的批评反馈。

政府信息公众开放系统是最重要、最基础的政府信息资源共享系统，政府的各种重要文件、资料、统计数据都会利用这一渠道免费向全社会发布，推动这些重要信息资料的全社会共享，也是政府向社会信息开放的最重要的渠道。

2）政府信息资源的增值服务模式

政府拥有国家最完整、最庞大的统计系统，在巨大的政府管理业务中，它又成为最大规模工作数据的积累者。政府积累的数据资料遍及各个方面，从地理数据、自然资源到商品的生产、消费、进出口等，从公民的出生、求学、就业、卫生、交通到出入境管理等。这些大量的数据资料如果能够被社会充分利用，将会给社会经济的发展带来巨大的贡献。

将政府信息资源的个别应用推进为一项有规模的服务产业完全是一种市场的创新行为。只有市场才能非常有效地沟通数据资源与应用需求的联系，进而创造出有效益的信息服务规模经济。政府可采取与企业分工合作的方式来实现政府信息资源的高效益增值服务。

3）政策研究信息共享系统模式

政策研究信息共享系统是政府内部使用的信息共享系统，服务的对象是各级领导干部、政策研究人员及各有关工作人员，它也是各级干部学习、提高业务水平的重要工具。政府工作人员利用本系统的目的主要有以下三个方面：

（1）阅读新闻，认清形势；

（2）业务学习与专题研究；

（3）工具性资料查询。

4）政府业务自动管理系统模式

这类系统主要用于政府规范性业务的处理过程中，由基层操作人员来使用。政府的规范性业务很多，如税收、工商登记、年审、进出口管理、出入境管理、驾驶执照管理等。一个规范的自动管理系统会大大提高基层工作人员的工作效率，确保工作质量的规范性，减少工作中的失误与漏洞。

2.3　电子政务安全体系

安全是电子政务建设中不可回避的问题，安全问题的产生固然有许多因素，但归纳起来主要表现为 7 种形式：黑客和计算机犯罪、病毒和有害程序、信息间谍和信息战争、网络恐怖组织、内部人员的违规和违法、信息系统的脆弱和失效、信息产品的失控。正因为安全问题的复杂性，人们在电子政务建设问题上对电子政务信息和政务活动的态度主要存在两个倾向：过度保护倾向或者忽略安全隐患。任何一种倾向对我国电子政务的顺利、健康发展都有不利影响。为此，对电子政务安全的问题进行着重研究和宣传就显得尤为必要。

要保证电子政府安全可靠运行，必须在正确认识电子政务环境下信息安全特点的基础上，正确处理好安全技术、安全组织及安全制度之间的关系。在我国当前信息化程度还不够高、信息管理手段还比较薄弱，以及计算机和网络用户的信息安全意识还比较淡薄的情况下，要确保电子政务的安全，必须从电子政务安全体系的角度来着手。电子政务安全体系是指能够保证电子政务安全运行的各种保障措施、技术和体制的有机综合体，它由安全技术体系、安全组织体系和安全制度体系构成，如图 2-3 所示。

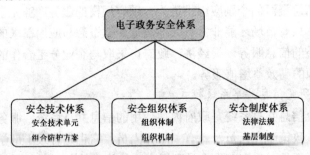

图 2-3　电子政务安全体系结构

2.3.1　电子政务安全技术体系

电子政务安全技术体系主要通过数据加密技术、信息隐藏技术、安全认证技术、防火墙技术等来保障电子政务系统的安全性、可信性和可靠性等。

1. 数据加密技术

信息在传输过程中有被窃取、篡改、删除或增添的危险，因此保证电子政务信息的安全是电子政务安全的重要内容，这一任务一般通过数据加密技术来实现。

数据加密技术的基本概念包括加密、解密、密钥、算法和密码体制等。加密就是利用技术手段，将信息转变为除特定接收者之外的人所无法理解的乱码的过程；而与此相对应，解密就是当乱码信息到达接收者后，用相应的手段将信息还原的过程。原始信息是人们能清楚明白的，因此称为报文；而报文经过加密编译后得到的乱码是除特定接收者以外的人所不能理解的，因此称为密文。加密和解密是一对可逆的变换过程，并且是唯一的、无误差的可逆变换。它们之间的关系如图 2-4 所示。

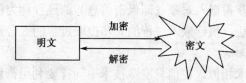

图 2-4　加密和解密的关系

信息的加密和解密包括两个关键的因素：密钥和算法。密钥是指在加密或解密过程中使用的可变参数，包括加密密钥和解密密钥；算法包括加密算法和解密算法，加密算法是将可以理解的信息（报文）与加密密钥相结合，生成不能理解的乱码（密文）的对应法则；而解密算法就是将不能理解的乱码（密文）与解密密钥相结合还原成可以理解的信息（报文）的对应法则。

密码体制是报文和密文之间进行变换的一整套策略。加密密钥和解密密钥可以相同也可以不同，可以相互推导也可以毫无关联，采用同一密钥或加密密钥和解密密钥可以相互推导的算法称为对称密码算法，对应的密码体制称为对称密码体制；加密密钥和解密密钥不相同且不可以相互推导的算法称为非对称算法，对应的密码体制称为非对称密码体制。在对称密码体制中的所有密钥必须保密，因而这种密码体制又被称为私钥密码体制；在非对称体制中的加密密钥和解密密钥是不相同的，且不可以相互推导，其中的解密密钥必须保密，而加密密钥可以公开，因此这种密码体制又被称为公钥密码体制。

2. 信息隐藏技术

信息隐藏技术是指将需要保密的信息嵌入其他非保密载体中，以不引起攻击者的注意而不被截获和破解，从而达到信息保密的目的。由于各种数据加密技术的安全性会随着计算机性能的提高而降低，且在加密算法不断改进的同时，攻击者的破解能力也在不断提高，所以信息隐藏技术作为近年来国际上信息安全技术研究领域的一个新的分支越来越受到人们的关注。

1）信息隐藏技术的基本概念

将保密信息隐藏到非保密载体中的过程称为信息的嵌入，需要保密的信息称为嵌入对象，非保密载体称为掩体对象，二者的组合就是隐藏对象。掩体对象可以是文本、图像和音频等常用信息，相应的隐藏对象也就被称为隐藏文本、隐藏图像和隐藏音频等。信息嵌入过程中所使用的规则和方法就是嵌入算法。举个简单的例子，"飞鸽传书"事例中所使用的鸽子就是掩体对象，写有机密信息且包小纸条捆绑到鸽子脚上的方法就是嵌入算法，脚上绑着的小纸条就是隐藏对象。

从隐藏对象中获得嵌入对象（即保密信息）的过程称为信息的提取，相应的算法称为提取算法。执行嵌入过程的人和提取过程的人分别称为嵌入者和提取者。

与数据加密技术相似，在信息隐藏技术中同样要利用密钥与算法的结合来控制信息的嵌入和提取过程。嵌入过程使用的密钥就是嵌入密钥，提取过程使用的密钥就是提取密钥，二者相同的信息隐藏技术就是对称信息隐藏技术，二者不相同的信息隐藏技术就是非对称信息隐藏技术。

2）信息隐藏技术的原理

信息的嵌入和提取过程可以简单地用图 2-5 来表示，图中的隐藏对象虽然包括了嵌入的保密信息，但从表面上来看，一般的人很难分辨出它与掩体对象的差别，而在攻击者没有原始的掩体对象的情况下，他就更不可能知道隐藏对象中是否包含了他所要寻找的保密信息。

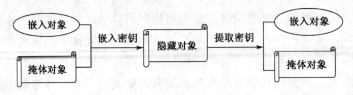

图 2-5　信息的嵌入和提取过程

信息隐藏技术的原理主要是基于下面两个方面的信息：一方面，多媒体信息存在大量冗余信息，多媒体文件可以被压缩但却不影响其传送和使用，如果在未被压缩的多媒体文件中隐藏适量的保密信息是不会影响多媒体文件本身的传送和使用的；另一方面，人的眼睛和耳朵对图像和声音的敏感度并不高。例如，人们常见的颜色不过几十种，但将红、绿、蓝三种颜色按不同的色度、饱和度和亮度搭配起来就有数不清的颜色组合，而光靠人眼是不可能分辨出这些颜色组合之间的差别来的。再如，声音的频率可以有无数个，人耳不可能分辨出差别极微的频率变化，而计算机却能做到。

如果把保密信息通过隐藏技术嵌入到多媒体文件中，而不让这些多媒体文件有明显的变化，那么未经过授权或认证的用户很难知道多媒体文件中嵌入了保密信息，而且即使知道，只要他没有获得相应的提取密钥，保密信息也不可能从多媒体文件中被提取出来。

为了增强抵抗攻击的能力，有时也可以把数据加密技术和信息隐藏技术结合起来使用。例如，先将需要保密的信息用加密算法加密，然后将密文隐藏在掩体对象中，这样攻击者在获得这一隐藏对象和相应的提取密钥，并想办法提取了嵌入对象之后，得到的也只是一堆乱码（密文），因为他还需要解密密钥，这就大大增加了信息的安全性。

在电子政务安全具体的应用过程中，信息隐藏技术一般都是由信息隐藏软件来实现的。在安装完信息隐藏软件后，只要根据软件的步骤操作就可以实现文件的嵌入和提取了。与数据加密技术所不同的是，信息隐藏还需要选择合适的文本、图像和音频等常用的信息作为掩体对象。只有了解了信息隐藏软件的算法和简单的原理，才可以根据需要，选择不同的信息隐藏软件和掩体对象，充分发挥不同软件和掩体对象的优势，提高电子政务系统的安全性。

3. 安全认证技术

安全认证就是对信息的真实性和信息发出者的身份进行识别的过程，包括信息内容的完整性、信息来源的真实性和信息传送渠道的正确性的全面识别，它是一种有效控制信息假冒、恶意攻击及信息抵赖的安全保障技术。

在电子政务具体的应用过程中，信息交流的双方是通过网络联系起来的，时空的差异使得传统的认证方法根本无法实现，在这种不可能要求对方出示传统的纸质证件来证明其身份的情况下，现代的安全认证技术就显得非常必要。如果能正确使用安全认证技术，往往会比传统的认证方法更安全、更方便、更快捷。

1）安全认证的类型

从安全认证的定义可以看出，安全认证可分为信息认证和身份认证两大类。

信息认证是指对收到的信息的真实性进行验证的过程，其主要任务有三个：保证信息是由经过确认的一方发出的；信息的内容没有被中途篡改；信息数据包收到的顺序与发出时的顺序相同。

　　身份认证是指对被认证方的特定信息进行验证，确认其身份的过程。可以用于身份认证的信息有秘密信息（如口令）、物理信息（如 IC 卡、信用卡）和生物学信息（指纹、声音、虹膜、DNA 等）三大类，但必须是被认证方所特有，其他人很难模仿、伪装的信息。

　　从认证的模式来看，安全认证又可分为单向认证和双向认证两类。单向认证只需要验证对方的真实性，而双向认证需要同时验证信息传递双方的真实性。这两种认证的过程都可以使用对称密码体制和非对称密码体制。

　　2）数字签名技术

　　数字签名（Digital Signature）技术是在网络信息传输过程中用字符串代替手写签名或印章，并能起到与手写签名或印章同样的法律效果的安全认证技术，其目的是确保信息是由签名者发出的，签名者不能或很难否认，并且信息发出后没有被篡改过，信息的真伪能够被公正的第三方所验证。

　　现代的数字签名技术基本上是建立在非对称密码体制（公钥密码体制）的基础之上的，常用的数字签名算法有 DSS（Digital Signature Standard）签名、RAS 签名、Hash 签名（又称数字摘要法或数字指纹法）等。在实践中，这些算法既可以单独使用，也可以综合起来使用。

　　如图 2-6 所示，数字签名生成和验证的主要原理是：首先，将报文按信息传递双方事先约定的算法得到一个位数固定且不可更改的报文摘要，将此摘要用发送者的私有密钥加密得到摘要密文（即数字签名）；然后，将此密文和原报文一起发送给接收者；接收者使用同样的算法由收到的报文得到一个报文摘要，并用公开密钥将密文解密得到另一个报文摘要，如果两个报文摘要等同，则说明报文确实来自所称的发送者，而且私有密钥只由发送者本人持有，因此他不能否认自己的签名行为。

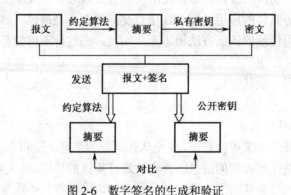

图 2-6　数字签名的生成和验证

3）身份认证技术

对电子政务系统来说，用户身份的认证是确保系统安全的第一道关口，因为身份无法确认或经过身份欺诈、伪装的用户往往是非法的入侵者，将系统暴露在这些入侵者面前是极其危险的。

传统的身份认证是依靠人们所持有的"证件"来确定持有者身份的，如身份证、工作证、驾驶执照等，而证件的真伪是靠人工识别证件上的照片、印章等来确定的。但在电子政务系统的安全保障过程中，这些做法完全行不通，必须使用现代的身份认证技术和手段。

基于秘密信息、物理信息和生物学信息的认证是现代身份认证的主要方式，而每一种认证方式又有不同的手段。例如，生物学信息认证方式包括指纹识别、声音识别、虹膜识别、面部识别等多种手段。每种认证方式中的手段都有不同的优点和缺点，而不同的手段是完全可以组合起来使用的，以充分发挥各自的特长。至于这些手段如何组合，完全取决于电子政务系统的投资和安全级别的需要。要实现身份认证，必须根据认证信息的不同类型，选择不同的信息采集设备和软件，如红外线扫描仪、数码相机、数码录像机及图像、声音对比软件等。

4. 防火墙技术

电子政务安全是一个全方位防护，仅仅依靠数据加密技术、信息隐藏技术和安全认证技术是不够的。我国的电子政务系统是由三个不同安全域的网络架构组成的，不是一个完全封闭的局域网，而是一个通过互联网连接的具有一定开放性的网络，而防火墙则是保证电子政务内部网络的边界安全常用的安全技术。防火墙是一种由软件或硬件设备组成的安全防范系统，它可以限制外界用户对内部网络的非法访问，同时还可以限制内部用户对外部网络的非合理访问，从而达到控制网络内外非法信息交流，保证合法信息交流畅通的目的。形象地说，防火墙就是内部网络服务器与互联网之间的一个"过滤器"，它只让合理的要求通过而拒绝恶意指令的通行。

2.3.2　电子政务安全组织体系

1. 安全管理组织体制

经过多年的建设，我国政府机构信息安全管理职能的格局已经形成，如国家安全部、国家保密局、国家密码管理委员会、工业和信息化部、总参等，分别执行各自的安全职能，维护国家信息安全。电子政务安全管理涉及上述众多的国家安全职能部门，其安全管理职能的协调需要由国家信息化领导机构，如国家信息化领导小组及其办公室、国家电子政务协调小组、国家信息安全协调小组等来进行。各地区和部委应建立相应的信息安全管理机构，以完成和强化信息安全的管理，形成自顶向下的信息安全管理组织体系，这是电子政务安全实施的必要条件。

从目前尚存在的突出问题来看，安全管理组织体制建设的关键还是在于解决由体制造成的多头管理、职能不清等问题。为了使管理有序，就要理顺自上而下的电子政务安全管理组织体制，以完整统一的组织体系来制定、颁布与电子政务安全相关的各项管理条例，及时指导电子政务建设的各种行为，并且在立项、招标、采购、设计、实施、运行、监理、服务、培训等各环节都要有明确的组织来担负责任，各组织之间应分工协作共同保障电子政务系统建设全程的安全和安全管理工作的程序化和制度化。

2. 组织机制

在组织体制的大框架下，每个电子政务单位本身的信息安全组织建设就成为落实各项安全管理的基础保障，其中最关键的环节包括领导层参与、组织机构和资金投入。

1）领导层参与

在电子政务系统的规划、建设、实施、运行和维护的整个过程中都存在着安全管理的需要，电子政务安全管理工作是一项涉及面广、组织协调难度大、技术复杂和成本高的系统工程。单位主要领导必须真正参与制定系统的安全管理措施，并进行相应的部门协调工作，才能将各项工作落到实处。

在实际电子政务建设工作中，在安全管理问题上领导层的参与力度往往不足，主要表现为在日常工作中难以保持持续关注；仅注重一些较为显著的或已经发生过的安全威胁；安全管理的措施较为表面化或不成系统等。这在很大程度上是因为在安全管理工作上的投入往往难以转化为工作成绩，在人、财、物资源有限的情况下自然会向更容易"见效"的方面倾斜。因此，应加大领导层的参与力度，并改变错误的管理观念。

2）组织机构

各级政府部门应设立相应的组织机构来负责信息系统的安全管理和日常维护工作，如设立信息安全管理办公室，有条件时可以在该办公室下设立不同领域的信息安全实施小组，让该办公室在信息安全实施小组的领导下直接向政府首长负责，具体实施工作则由该单位的信息化部门负责。这样就可以将电子政务环境下的政府部门安全管理与信息化工作分离开来，有效避免信息化部门在安全管理工作上可能存在的权限和专业上的局限性，同时还可在 CIO 的帮助下以信息化手段来有力配合各方面的信息系统安全管理工作。

信息安全管理办公室是各政府部门的安全策略制定者和最高决策机构，其主要职责可以包括：制定安全管理制度和条例；定期出版本单位的信息安全报告；审核和评估安全风险；定期召开信息安全会议；向政府首长汇报本单位的信息安全现状；制定具体的信息安全策略；组织培训学习；加强对人员的审查和管理；解决机房、硬件、软件、数据和网络等各个方面的安全问题，防止人为事故的发生等。

3）资金投入

完善的信息安全保障体系必须有足够的财政支持，否则不仅难以建立有效的电子政务系统，还会影响相关部门的工作积极性，即使有再好的管理制度和方法，也无法从技术上有效防范和化解安全风险，一旦出了严重问题将付出更大的代价。一些事关国家安全和机密信息的重大安全事件所造成的损失更是在事后无法弥补的。

从资金来源上来看，尽管目前电子政务已经涉及政府全部的职能领域，各项信息化的投资都具有较强的外部性，可以考虑吸纳各方面的资金。但从我国目前的情况来看，安全方面的资金渠道还应主要以政府为主，并将安全建设所需的资金纳入统一的财政预算中。随着今后我国行政体制和投资体制改革的发展，也可参考、借鉴一些国家吸纳民间资本进入公共投资建设的方法。有了稳定的资金保证之后，再辅以相应的投资约束机制，可保证把安全建设资金管好、用好，落到实处。

2.3.3　电子政务安全制度体系

1. 与电子政务安全相关的法律法规

我国虽已颁布并实施了一些信息安全的政策法规，对信息安全中亟待解决的问题起到了一定的积极作用，但信息安全法制建设从总体上讲仍处于起步阶段，与电子政务安全相关的法律法规的滞后和不完善问题日益明显，对此我们应有清醒的认识和强烈的危机感。

与电子政务安全相关的法律法规涉及国家信息安全、计算机与网络犯罪、信息安全技术与产品、信息内容的安全与保密等多个方面，因此其构成也呈现出丰富的内容，如下所示。

（1）在国家宪法和各部门法中对各类法律主体的有关信息活动涉及国家安全的权利和义务进行规范，形成国家关于信息及信息安全的总则性、普适性的法规体系。

（2）针对各类计算机和网络犯罪，制定直接约束各社会成员的信息活动的行为规范，形成计算机、网络犯罪监察与防范体系。

（3）对信息安全技术、信息安全产品（系统）的授权审批制定相应的规定，形成信息安全审批与监控体系。

（4）针对信息内容的安全与保密问题，制定相应规定，形成信息内容的审批、监控、保密体系。

（5）从国家安全的角度，制定网络信息预警与反击体系等。

2．基层安全制度

在日常的信息系统管理活动中与安全有关的活动非常丰富，如发送或收回对系统信息媒体（磁带、磁盘等）的访问控制权限、系统的初始化或关闭、处理保密信息、硬件和软件的日常维护、硬件测试、修改和验收、系统重新配置、更改重要文档、收发或传输重要的材料、系统的开发和修改、重要程序和数据的删除和销毁等。针对这些活动的基层安全制度主要从两个方面着手，一是明确责任的归属，二是在制度上为威胁安全的行为设置障碍。

岗位责任制是很多组织习惯使用的明确责任归属的管理方法，因为它可以明确组织中每个成员的权利和义务，并在组织出现问题时，找到相应的责任人。同时，组织也可通过此制度考核员工的业绩。在政府部门中，维护信息系统安全是信息部门的主要职责。通过岗位责任制，可以将信息安全责任进一步细化，从而增强相关人员的责任感和紧迫感，将因人为因素造成的信息安全风险降低到最小范围内。

除了采用上述责任制度之外，为了不给各种违规或疏忽提供机会，加强信息安全管理，还需要针对所有内部人员制定有关规章制度，以确保系统的安全、可靠运行，如制定安全管理等级和安全管理范围、网络操作使用规程、人员出入机房管理制度、系统维护制度和应急措施等。

2.4　电子政务与信用体系

2.4.1　电子政务与信用体系的关系

当前，围绕政府职能转变、市场经济深化等重大问题，基于信息网络发展的电子政务和社会信用体系建设在我国理论研究、政策制定和时间探索等层面都有了实质性的进展。然而，对电子政务和社会信用体系二者之间的辩证关系和相互作用与影响的认识，尚有待进一步提高。社会信用体系与电子政务建设应有机结合，协同发展。

1．社会信用体系及其对电子政务的影响

1）信用体系与数据开放

从纵向结构看，社会信用体系作为一种社会机制，是由相关的法律体系、信用监管体系、信用服务体系、信用教育体系、失信惩戒机制等多个子体系相互交织、共同作用而形成的。其中，征信数据的开放是建立社会信用体系的前提。

目前，征信数据的部门垄断仍然是我国社会信用体系建设的瓶颈。我国 80% 左右的征信数据资源由银行、工商、税务、海关、公安、司法、财政、审计、质检等政府部门及相关单位掌握，各部门对征信数据的严格屏蔽，造成征信数据采集的难度大、成本高，信用专业机构难以全面得到涉及企业或消费者个人的征信数据，因而无法依靠征信数据公正独立地进行市场化的信用管理和服务，最终导致政府数据资源的相互割裂和严重浪费。

征信数据是专业信用服务机构的生产资料，是失信惩罚机制形成的基础。没有征信数据的开放，社会信用体系的建立也无从谈起。在我国，征信数据的开放主要是指政府部门或非政府部门所掌握的征信数据向专业信用机构开放，使专业信用机构能够合法、真实、迅捷、完整、连续和公开地获取，并有效地运用于信用服务市场。

2）信用体系与政府信用

从横向结构看，社会信用体系可以分为政府信用体系、企业信用体系和个人信用体系。在社会信用体系的建设中，政府信用体系的建设是前提，企业信用体系的建设是关键，个人信用体系的建设是基础。

在市场经济条件下，政府既是市场规则的制定者，又是市场规则的执行者。建设政府信用，既要规范政府的行政行为，又要规范政府的经济行为。因此，政府信用既包括政府的行政信用，也包括政府的经济信用。

政府的行政信用是政府在管理国家和调控经济的过程中履行相关承诺的能力和意愿，其实质就是政府要做到依法行政和规范服务。而电子政务建设的目标之一是全面提高依法行政能力，加快建设廉洁、勤政、务实、高效的政府，因此，电子政务的建设是全面打造政府行政信用的有效载体和手段。

3）信用体系与信用市场

我国的社会信用体系建设是在"政府启动，市场运作"的原则下展开的，在建设初期，尤为强调政府的作用，只有通过政府推动，才能从根本上解决制约我国信用体系建设发展的数据瓶颈问题。同时，政府应依托电子政务建设，通过各种有效方式，积极推动专业信用服务机构的产品和服务的广泛运用，提高政府决策和管理的科学性。

4）信用体系与信息公示

在社会信用体系建设中，应通过对企业、个人的原始信用信息，或者对经专业信用服务机构加工处理后的信用信息的合法披露，引导市场交易主体对交易对方的信用进行有效甄别和科学管理，形成由社会和市场对失信行为的惩戒。这就要求电子政务门户网站对相关企业和个人信用信息依法进行披露，从而推动失信惩戒机制的形成。

2. 电子政务及其对信用体系建设的影响

1）电子政务与信息开放

数据的开放、交换与共享是电子政务建设的首要任务。在以公众服务为中心的服务思想的指导下，电子政务建设要打破原有按职能部门条块分割的状态，构建公共的电子政务网络基础设施，整合不同的数据资源，实现跨地域、跨部门、跨层次乃至跨边界的协同应用平台，有效解决政府信息与公众信息的不对称，实现信息的开放与流通，从而从根本上解决社会信用体系征信难的问题。

电子政务建设中的数据开放，为信用体系建设提供了基础性数据资源。通过运用信用管理技术、信用标准对电子政务的征信数据进行加工、整理和挖掘，也会使电子政务信息数据库中的数据更加准确、真实有效，从而使政府的决策和公众服务的科学性、客观性大大增强。

同时，应在电子政务征信数据库的基础上，制定和实施科学统一的征信标准，建立起覆盖政府、企业和个人信用的数据采集与交换系统，从而实现基于电子政务信息数据库的全社会信用信息的依法开放和交换共享。

2）电子政务与信用市场

在以公众服务为中心，转变政府职能的过程中，政府要有所为有所不为。这样，电子政务的较高层次应该是业务外分。政府职能部门应尽可能多地利用社会其他资源，采取业务外包或外分的形式，将一些事情交给市场去完成。业务的外包或外分，也给信用中介机构提供了广阔的发展空间，这是因为电子政务中的信息采集、信息公示、信用评价及不同行业和部门的信用标准体系的开发等，都需要以独立第三方姿态存在的信用机构的支持。同时，在电子政务建设中，通过政府与信用专业机构的密切合作，也能够为社会提供更好的服务。

3）电子政务与政府信用

政府信用建设既是信用体系建设的重要内容之一，也是电子政务的目标。在电子政务建设中，通过全面推行政务公开、改革行政审批制度、简化行政环节、规范行政手续、推动信用中介机构和中介服务健康发展等措施，有利于政府服务质量的全面提高和政府服务能力的极大增强。

2.4.2　电子政务信用体系建设

1. 电子政务信用信息资源整合

电子政务通过对政府信用信息进行资源整合，可以改变政府与企业、社会、公众的信息不对称状态。电子政务是互联网发展与政府改革相结合的产物，互联网为政府提供了能够更好地为居民和企业服务的平台。电子政务网络的建立，可以建立统一的数据库，解决信用体系建设中的问题，举例如下。

（1）将分散在不同的政府部门、机构、组织中（如工商、税务、公安、质监等，以及与企业经济往来有关的银行、保险公司等）的信息有机地融合起来，消除信息孤岛问题，实现信息资源的共享。

（2）对收集到的信息进行去粗取精，去伪存真，寻求信息的内在的、深层次的联系，可以提高信息资源的利用效率，实现信息的增值。

（3）不断补充、更新信用信息，反映当前的、最新的信用状况。

基于电子政务，建立统一的信用信息数据库，实现信用信息的依法、及时、规范地向公众披露，一方面可将政府行为置于社会的监督之下，有利于建设高效、廉洁、透明的服务型政府；另一方面，企业和个人也可以及时获得准确的信息，有利于规范企业和个人的经济行为，提高市场效率。同时，对各种失信行为的披露，不仅是一种惩治措施，还可以提高全社会的信用意识，加快信用体系的建设。

2. 信用体系的法律建设

由于我国信用体系的建设起步较晚，所以目前还没有形成完善的信用法律体系。因此政府应加快征信数据采集和使用的立法工作。各国的信用发展历史证明，征信数据的采集和使用首先是一个法律问题，凡是信用体系比较完善的国家，都通过立法的形式对征信数据的采集和使用做了明确规定。我国对此还没有规定。我国现有的《保密法》、《商业银行法》、《储蓄存款管理条例》、《税收征收管理法》等法律仅对征信数据有限制规定。征信数据的开放牵涉 10 多个政府部门，目前只有部分工商数据明确向社会开放，其他政府部门的数据的开放尚无法律依据。虽然电子政务的发展可以使许多政府机关开放信息，但是这些信息的开放程度、如何使用等都是问题。因此，我国必须制定征信数据的立法，规范征信数据采集工作，这样不但会促进电子政务信息资源的深度开发、共享和利用，还可为信用体系的建立奠定法律基础。征信数据的立法应包括以下几项。

（1）政府信息的开放程度和范围。

（2）征信数据的获取方式。对于向社会完全公开的信息，征信公司可以免费获取和使用，以增强信息的透明度；对于不宜在全社会公开的政府信息，可以适当收取费用，可以增加政府信息资源开发的资金，这样不但可以提高政府部门开放信息的积极性，还能促使政府部门开放更多更好的信息资源，为信用业提供更好的服务。

（3）对个人信息的采集和使用做出规定，以保护个人隐私权。

（4）对征信数据的经营和传播做出规定，避免给信息的主人造成不必要的伤害，并限制信用公司将这些数据用于不正当目的。

（5）正确区分政府信用信息中的保密与非保密、企业信用信息中的公开信息与商业秘密、个人信用信息中的公开信息与个人隐私的界限。

 本章知识小结

本章在介绍电子政务体系结构时着重介绍了电子政务应用系统的逻辑结构及政府对信息资源的采集、加工、存储、公开的一些方法和原则；在介绍电子政务安全体系时，着重介绍了安全技术体系、安全组织体系和安全制度体系。本章在安全技术体系中主要介绍了几种现在比较流行的技术的原理。

案例分析

政府网站成为黑客攻击重要目标

政府网站已经成为黑客攻击的重要目标，加强政府网站的整合和安全性势在必行。"黑客"在互联网上通过各种方式，对一些网站进行攻击已经不是什么稀罕事。但担负着社会公信力和推行政府信息公开重任的政务网站，理应对这些恶意攻击拥有更强的抵御能力。

1. 网站频繁被"骚扰"

2009年7月，夷陵区某事业单位的小胡登录了当地财政网。

自从这个网站开始设置一个工资查询系统后，他和同事就经常在网站上查询工资信息。然而这一次，当他输入了自己的姓名和身份证号码后，却显示这个网页无法打开。

从 2009 年 2 月开始，由于工资查询系统已经连续几个月无法正常的运行，所以当地许多行政事业单位职工也向财政局的信息中心提出了质疑。

"网站被黑客入侵了。"夷陵区财政局信息中心的工作人员的答复让小胡很惊讶。"工资系统里的各种信息岂非也被别人偷窥了？"小胡心生疑问。

同年 8 月 12 日，记者与夷陵区财政局信息中心取得了联系。

"现在还不能判定是不是黑客恶意破坏，但我们为此安装了防火墙，又加大了网站的维护力度，目前已经恢复了正常。"信息中心的工作人员这样说。

而就在 2009 年 7 月发生的一起枝江学生高考志愿被篡改案件，也被怀疑可能与网络黑客恶意入侵网上高考志愿填报系统有关。

此前，宜昌环保网就曾经被"黑客"恶意篡改网页，满页充斥着怪异并带有侮辱性的文字，导致网站瘫痪。

2. 黑客多为好奇炫技

夷陵区财政局信息中心的网络维护人员告诉记者，此前，他们也曾经发现一名入侵到网站后台的挂木马者，其 IP 就在宜昌某学校内。

他们当即对木马程序进行了删除，同时也对网站进行了维护，但并没有报警。

"因为我们立即对系统进行了恢复，同时这次入侵对网站没有造成太大破坏，所以即使报警把他抓住了，也没有什么意义。"这位工作人员这样解释他们没有报警的原因。

正是因为此种考虑，虽然许多政府部门的网站都有过被骚扰的经历，却并不都愿意劳师动众地去追寻黑客的下落。

"现在许多懂一点点计算机技术的人都把入侵网站当成互相炫耀技术的资本。"三峡大学计算机信息工程专业的学生小王说，他在网络上也认识不少这样的"黑客"。

他向记者描述了他所知道的这些"黑客"情况，"大多数都是 20 岁左右的年轻人，他们首先在网上下载一些入侵性的黑客软件，然后利用这些工具来破坏网页。"

他认为，这些手段并不复杂，"真正的计算机程序高手并不屑做这样的事情，更不会将此拿来炫耀"。

3. 使用与安全须并重

2008 年年底，荆州商务局网站被黑客将领导的图片变成暴露女，影响恶劣。

在分析为何政府网站频繁遭黑客"青睐"时，宜昌一家负责维护电子商务安全的公司吴经理告诉记者，这主要是因为许多政府部门的网站局限于使用，并没有真正的规范建设。

"网站和信息系统漏洞较多，软件补丁更新不及时，防病毒软件部署不规范，多数单位建立的网站没有防篡改和网页恢复功能，这些都是容易被破坏的原因。"

同时，一些政府部门网站信息进行检查和更新维护的间隔时间长，造成网站无人照看的境况，也给破坏者带来了可乘之机。

虽然随着政务信息的公开逐步推行完善，各政府部门对于承担重任的网站建设日益重视，并花了大力气将网站建立起来，但却面临着缺乏管理政务网站安全保障工作的专项经费的困境。

2009 年 8 月 12 日，在记者采访中，夷陵区财政局的网站维护人员就坦承"我们用于网站的服务器是单位内部一台用了很长时间的计算机，而且带宽也不够，导致一旦访问量大，就容易出现故障。"

4. 政务网站整合是大势

政府部门开办网站可以加强政府与群众的沟通，提高政府的服务水平，这是政治文明的一个重要进步。

据了解，宜昌市从 2007 年已经开始对政府部门的信息网站进行逐步整合。目前，宜昌市已经基本建成了全市集中统一的电子政务专网和应用平台，并已接入 111 家单位、4 000 多个终端。

一位政府网站的维护人员表示："统一的平台无论在硬件设备还是网络软件上，都肯定比自己单位建设的网站环境要更加优越，可以有效地防止外部的恶意侵扰。"

为了便于各政府单位对网站的管理，加强政府网站安全，夷陵区政府于2009 年 8 月发布了《夷陵区电子政务网络管理试行办法的通知》。这份文件对政府部门对网站的建设资金投入、安全举措等都进行了要求和规范。

该通知同时也明确了对于政府网站出现的"违规行为和可疑事件"，由"当地电子政务办公室牵头组织进行调查。"（来源 三峡晚报）

本文转载自中国电子商务研究中心:http://b2b.toocle.com/detail--4739870.html。

 思考题

1. 什么是政府信息资源规划？
2. 简述政府信息资源规划的基本工作步骤。
3. 电子政务安全技术体系包括哪些方面？
4. 简述社会信用体系的组成。
5. 联系实际，你认为应该采取哪些措施加强电子政务的安全？

参 考 文 献

[1] 金江军，潘懋. 电子政务理论与方法. 北京：中国人民大学出版社，2010.

[2] 徐晓日. 电子政务概论（第二版）. 天津：天津大学出版社，2008.

[3] 白庆华. 电子政务教程. 上海：同济大学出版社，2009.

[4] 汤志伟，张会平. 电子政务的管理与实践. 成都：电子科技大学出版社，2008.

[5] 杨路明，胡宏力，杨竹青等. 电子政务. 成都：电子工业出版社，2007.

[6] 张锐昕等. 公务员电子政务必修教程. 成都：清华大学出版社，2008.

[7] 赵国俊. 电子政务. 成都：电子科技大学出版社，2009.

[8] 吴爱明，夏宏图. 电子政务概论. 北京：首都经济贸易大学出版社，2008.

[9] 中国电子商务研究中心:http://b2b.toocle.com/detail--4739870.html.

[10] http://www.duk.cn/space-19531-do-folder-docid-107492.html.

第 3 章

电子政务绩效评估

本章内容：
绩效评估概述
电子政务绩效评估指标
电子政务绩效评估过程

3.1　绩效评估概述

3.1.1　政府绩效评估

　　政府绩效评估是对政府的"业绩"、"效果"和"效率"的评估，是一种以结果为导向的评估。政府绩效评估是指"根据管理的效率、能力、服务质量、公共责任和社会公众满意程度等方面的判断，对政府公共管理部门管理过程中投入、产出、中期成果和最终成果所反映的绩效进行评定和划分等级。"

　　政府绩效评估具体是指运用数理统计、运筹学原理和特定指标体系，对照统一的标准，按照一定的程序，通过定量定性对比分析，对政府行政过程中的某一具体目标与一定期间的效益和结果，做出客观、公正和准确的综合评判。绩效评估通过不断地反馈和校正，实现理想的政府治理理念。绩效评估的作用如图 3-1 所示。

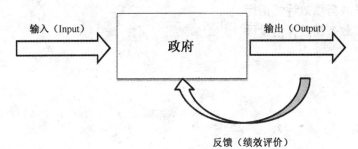

图 3-1　绩效评估的作用

3.1.2　政府网站绩效评估

　　随着信息化的深入发展，政府网站已经成为政府面向公众的基本窗口，成为政府运用信息化手段对社会提供信息公开、实现为民服务、构筑公众参与渠道、建设民主政府服务的基本形式。为了进一步摸索电子政务建设的经验，把握电子政务发展的方向，各国政府都非常重视对于政府网站绩效的评估。政府网站的三大功能定位（如图 3-2 所示）介绍如下。

　　（1）信息公开：信息发布的最有效形式，可提高政府的透明度，"以公开为原则，不公开为例外"，保障公民的知情权。

　　（2）在线办事：不应仅成为政府的宣传阵地，更应当服务好企业和社会公众的办事需求，提供"一站式、一体化"的事务办理服务；应提高办事效率，减少成本，并通过"一站式"提高服务质量，促进管理型政府向服务型政府的职能转变。

（3）公众参与：扩大公民参政议政的范围，保障公民的参与权、监督权，提升政治文明程度。

一个政府网站应该同时做好这三件事，这是一切政府网站工作的出发点和落脚点；应建立健全政府与社会交流沟通渠道，促进公众积极参与公共事务管理，保障公众的参与权。

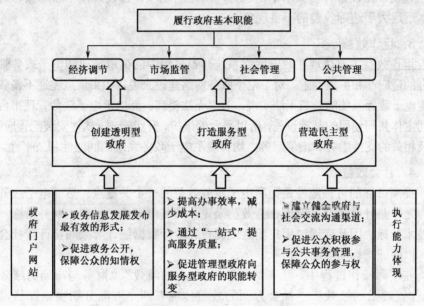

图 3-2　政府网站的三大功能定位

3.1.3　电子政务绩效评估

自 20 世纪 90 年代电子政务实施以来，由于对投资的效益长期处于无法有效评估的状态，我国电子政务的建设已经在一定程度上出现了粗放式发展的端倪，甚至在某些地方和部门形成了"信息化黑洞"的现象，造成了人力、物力、财力的极大浪费。只有通过有效地绩效评估，才能从制度上确保我国电子政务建设走向精准化、可持续化的健康发展道路。

电子政务绩效是指政府在实施电子政务过程中产生的结果和成效。具体而言，电子政务绩效主要关注以下四个方面的内容。

1．用户满意度

实施电子政务的目的是为了提高公共管理的水平。因此，公众的满意度、企业的满意度及相关机构业务合作过程中的满意度是关键。在加快推进电子政务建设的过程，要通过电子政务的广泛应用，突破时间、空间、数量的限制，以增强政务信息公开和政府行为透明度为核心，提供多种技术平台促进社会对公共行政的参与和监督，增强公共产品的供给能力，进而提高社会公众对政府的满意度。

2. 成本—收益

电子政务绩效必须衡量电子政务建设项目的使用，避免电子政务建设呈现出比规模、比设备等贪大求全的趋势，防止出现项目建设规模不断膨胀、边际成本远远大于边际收益的不良现象。

3. 运作效益

运作效益主要体现在政府网络系统建设过程中的渠道畅通和电子政务管理平台的适应性和扩展性上。对于电子政务网络建设来说，如果信息流通不畅就意味着电子政务系统的效益无法实现，效率无法提高。而由于电子政务管理平台是不同主体共同使用的基础设施，所以平台的维护、升级管理、软件安装配置应用，以及相关的支持服务和增值服务，均体现了电子政务系统的回应性和公平性。

4. 社会效益

提高目标的可预测性是提高电子政务效益的一个关键点。然而电子政务的目标之一是社会效益，对于社会效益来说，其可测量性指标弱于财务指标、工程技术指标，因此应通过用户满意度调查、运行数据统计等来间接计量社会效益，以保证指标的全面性。

在实际操作过程中，可从"以顾客为中心的绩效"、"财务与市场的绩效"、"运作管理上的绩效"、"社会方面的效益体现"四个方面分别实施评估，如表 3-1 所示。

表 3-1　绩效内容重点

绩 效 内 容	评 估 重 点
● 以顾客为中心的绩效	● 公众的满意度、信息的处理时间、信息的准确性
● 财务与市场的绩效	● 成本、收入和应用比例的测量
● 运作管理上的绩效	● 工作中效率和有效性的测量
● 社会方面的效益体现	● 运行数据的统计，间接计算社会效益

任何绩效评估都是针对一项有意义的实践活动或者针对某单位、部门、行业、地区的某个时期的工作和任务所取得的结果，从成绩和效益方面进行评估的。对于电子政务绩效评估的作用，同样可从以下四个方面进行理解。

（1）认识作用。通过绩效评估，可以对被评单位（评估对象）进行比较全面、客观的认识，这种认识不是停留在定性的、感性的阶段，而是进入了理性阶段，认识得比较深刻，有一定的定量依据。

（2）考核作用。通过绩效评估对被评估对象的工作进行全面考核，不仅直接考核其绩效的大小，而且间接考核其全部活动情况，包括其领导者的成绩和管理决策水平。

（3）引导促进作用。即通过绩效评估，将被评估对象的行为方向引导到绩效评估的内容方面，引导其全面发展，努力创造良好的绩效。

（4）挖潜作用。即在绩效评估中，通过横向比较和纵向比较，通过与标准水平、理想水平的分析，通过各项评估内同质检的对比分析等环节，发现被评估对象的差距和优势，找出薄弱环节和潜力所在，从而达到发挥优势、克服薄弱环节、充分挖掘潜力、进一步提高绩效的目的。

3.1.4　电子政务绩效评估目的

电子政务建设是一个复杂的过程，它不仅涉及复杂的技术问题，还涉及利益广泛的职能部门，面向的服务对象日趋多元化，产生的社会影响十分深远。科学的电子政务评估理论和评估系统，对于电子政务的长远发展具有重要的意义。电子政务绩效评估目的包括以下三个方面。

（1）通过一套相对较完整的评估指标体系起到行业引领作用，为各地政府下一步的电子政务推进工作提供决策依据，使得电子政务朝着更快、更好、更高的水平方向上发展。

（2）明确的电子政务绩效目标可以增强成本意识。在现实中较为容易计算出电子政务的投入，但是对于其产出和取得的效益往往无法估量。电子政务的绩效评估可以量化这种产出和成效，给出投入产出比，同时成本控制本身也是绩效的组成部分。

（3）电子政务评估是促进政府改造的动力源泉。电子政务是一项庞大的社会系统工程，它的建设不仅需要技术基础，还需要政府加大力度进行管理的再造、组织的优化重组、职能的重新确定和行政体制的变革。管理人员的惰性和部门利益是进行这些变革的最大阻力。除通过行政指令、宣传动员消除这些阻力外，进行绩效评估及横向和纵向比较，也可为全国电子政务建设提供一个成果共享的交流平台，为各地政府电子政务建设提供动力。

3.2　电子政务绩效评估指标

为了对电子政务绩效评估的指标体系有一个较为完整的认识，这里以《中

国电子政务发展水平评估报告》（2006）中所采用的指标为例进行说明。该指标
体系评估的核心是"政务"，包括电子政务发展水平评估和电子政务绩效评估两
个方面。其中，电子政务发展水平评估是指评估政务信息化水平，考察政务创
造公共价值的能力；电子政务绩效评估是指评估信息化政务的应用效果，考察
政务创造公共价值的量。因此，评估指标体系设计的总结构是以评估"政务信
息化水平"为轴线，以评估"政务创造公共价值的能力"为核心。

3.2.1　指标体系结构

该评估指标体系的顶层指标（即一级指标）来自公共管理领域的研究成果。
由于电子政务评估的核心是政务，所以应该从政务自身的结构和规律来构建评
估指标体系，应该从公共管理的角度来探索电子政务评估中的变量，特别应该
关注政府在其发展历史中所承担的社会基本功能。电子政务评估应该以政府的
社会基本功能为总体框架，而政府的社会基本功能是政府在长期的历史实践中
逐渐进化并形成的，具有稳定的社会特征。

政府在人类社会漫长的文明进化过程中，先后历练出"集中"、"安全"、"管
理"、"服务"、"决策"五大社会基本功能。该五大基本功能可以作为电子政务
评估指标体系顶级指标的基础，并具体化为"基础资源"、"信任安全"、"电子
管理"、"在线服务"、"决策参与"五大指标。在顶层指标框架下，各级指标可
以逐层展开。

（1）基础资源指标。"基础资源"刻画了电子政务的软硬载体和存在基础。
在信息社会中，电信设备情况和人力资源水平代表了电子政务所在社会环境的
信息化基础。同时，政府网站也是进行电子政务活动的主要平台，因此该指标
也包括了对政府网站（网络环境）的测评。基础资源指标结构如表3-2所示。

表3-2　基础资源指标结构

电 信 设 备	人 力 资 源	网 络 环 境
● 千人PC数	● 人力文化素质	● 界面友好性（颜色、字体、形状一致性等）
		● 标志清晰（栏目逻辑、页面层次等）
● 千人互联网主机数	● 人力教育水平	● 页面长度
		● 网站导航
● 千人电话机数	● 千人上网人数	● 站点搜索能力
		● 多样化接入（残疾人、PDA、多语言等）
		● 定制功能

（2）信任安全指标。"信任安全"刻画了电子政务在信息安全方面的保障能
力，该指标用于测评在线政务抵抗网络破坏能力、公民隐私信息和企业机密信

息的保护情况、电子法律法规的制定和执行情况。信任安全是电子政务畅通运行的有力保证。信任安全指标结构如表 3-3 所示。

表 3-3　信任安全指标结构

电 子 防 御	电 子 信 任	电 子 法 规
• 病毒防御	• 授权管理	• 隐私政策
• 入侵检测	• 登录认证（CA、口令等）	• 电子法规
• 漏洞扫描	• 抗抵赖性（加密、数字签名、时间戳等）	• 安全策略

（3）电子管理指标。"电子管理"刻画了电子政务在政府资源管理方面的综合能力，该指标用于测评在线政务网络维护、政府资源组织开发利用和政府商务方面的情况。电子管理是在线服务的后台和基础。电子管理指标结构如表 3-4 所示。

表 3-4　电子管理指标结构

网 络 维 护	政府 GRP	电 子 采 购
• 更新情况	• 政府信息管理（MIS）	• 政府采购
• 故障情况	• 政府服务流程管理（GPR）	• 工程采购
• 询问渠道	• 政府决策流程管理（GDS）	• 专业采购（教育、卫生等）

（4）在线服务指标。"在线服务"刻画了电子政务在社会服务方面的综合能力，该指标主要测评政府在线公众服务、在线企业服务、在线政府间服务等的建设应用水平。在线服务指标结构如表 3-5 所示。

表 3-5　在线服务指标结构

基 本 服 务	公 众 服 务	企 业 服 务
• 日常信息服务（气象、灾害、科技等）	• 生活服务（户籍、婚姻、生育等）	• 工商服务
		• 税务服务
		• 质检服务
• 历史数据服务（文献库、科技数据库、历史档案等）	• 安全服务（报警、法律援助等）	• 劳动服务（招工、用工等）
		• 工程（项目、课题）审批验收服务（发改、建设、科技等）
• 知识产权的创投服务（专利、版权、创业、招商引资等）	• 就业服务（社会就业、职业资格获取、政府雇员招聘等）	• 环保服务
		• 安全服务（消防、安检等）
		• 新闻出版服务
	• 教育服务	• 海关服务
		• 监察审计服务
	• 社保服务（失业、医疗、养老等）	• 证券监督服务
		• 银行监督服务
		• 保险监督服务

（5）决策参与指标。"决策参与"刻画了电子政务在公众参与公共事务方面的水平，该指标用于测评政府信息公开、政府决策制定过程及公众参与政府决策过程的建设情况。决策参与是电子政务回归社会大环境的核心枢纽，是电子政务作为系统化信息社会一部分的集中体现，是促成电子政务建设良性循环，推动政务能力螺旋式上升的动力源泉。决策参与指标结构如表3-6所示。

表 3-6　决策参与指标结构

信 息 公 开	交 流 互 动	电 子 决 策
• 决策信息（法律、规划、政策等） • 人事变动信息（干部选拔、干部任免、领导信息） • 政府新闻 • 统计信息 • 论坛信息 • 定向信息公开	• 在线举报 • 公众留言 • 政策商议 • 约会沟通 • 论坛沙龙	• 高端访谈 • 民意调查 • 电子表决

3.2.2　指标来源与权重设计

3.2.1节所述非顶层指标内容的安排设计借鉴和吸收了国内外的电子政务评估实践和研究成果，包括联合国、埃森哲公司、美国 Brown 大学、TNS 公司、Rutgers 大学 Newark 分校/Sungkyunkwan 大学、欧盟和赛迪公司等指标体系，并进行了增加、取舍和必要的兼并。在权重设计上，二级指标的权重确定主要采用了层次分析法，三级指标的得分计算采用了 Rutgers 大学 Newark 分校/Sungkyunkwan 大学的基点积分方法。具体的指标权重体系如表3-7所示。

表 3-7　指标权重体系

栏 目	权 重	总 分	类 目
基础资源（20）	0.33	30	电信设施
	0.17	15	人力资源
	0.50	39	网站环境
信任安全（20）	0.17	15	电子防御
	0.50	14	电子信任
	0.33	46	电子法规
电子管理（20）	0.14	15	网站维护
	0.43	16	电子采购
	0.43	11	政府 GRP

（续表）

栏　目	权　重	总　分	类　目
在线服务（20）	0.14	46	基本服务
	0.43	137	公众服务
	0.43	101	企业服务
决策参与（20）	0.14	50	信息公开
	0.43	32	交流互动
	0.43	31	电子决策
总计		598	

3.3　电子政务绩效评估过程

　　绩效评估实际上是一个循环的过程。在评估开始之前，先要对评估进行整体规划，解决好四个前提，即确定决策者的需要、明确问题的性质和范围、制定有效目标和制定全面的考核办法。然后做好评估的技术准备，包括评估指标体系的确定、评估方法的选用等。在此基础上，根据评估的内容和范围收集评估所需要的资料和信息。上述过程完成后，即可以根据需要实施评估。电子政务的建设不是一蹴而就，而是一个不断完善和发展的过程，同样，绩效评估也是一个持续的、周期性的过程，需要通过不断的反馈和运用结果来实现提高绩效的目的。电子政务绩效评估流程图如图 3-3 所示。

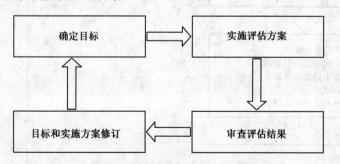

图 3-3　电子政务绩效评估流程图

　　绩效评估是指按照一定的评估标准来衡量、考核评估对象的绩效水平。一般绩效评估的标准包括两个层次：一是量化标准，主要包括经济指标与技术指标。经济指标的比较标准可以是历史最好水平、现实水平或是本地区/其他地区的最好水平；技术指标的标准包括国内标准和国际标准两大类；二是指标性标准，主要包括国家法律、法规、各项相关政策与原则。两者要结合使用。尽管评估对象之间的区别使得评估标准不能完全统一，但政府部门应该制定信息化评估规则、发布评估标准、执行委托任务、监督评估质量等，以保证绩效评估工作的健康发展。

因此，每一次具体电子政务绩效评估的实施过程，将会包括以下几个主要过程：首先，确定绩效评估项目。绩效评估项目的来源主要有政府机关下达的任务、各组织工作内部自行确定和接受委托确定的项目。其次，组织评估队伍。评估队伍一般包括财务人员、管理人员、信息技术人员等；再次，收集审核被评估单位数据资料，进行定量评估，并参与定性评估，遵循规定的指标、权数、标准及方法，进行定量指标的计算和打分；最后，归纳，分析，撰写评估报告。

电子政务绩效评估内容的细分如图 3-4 所示。

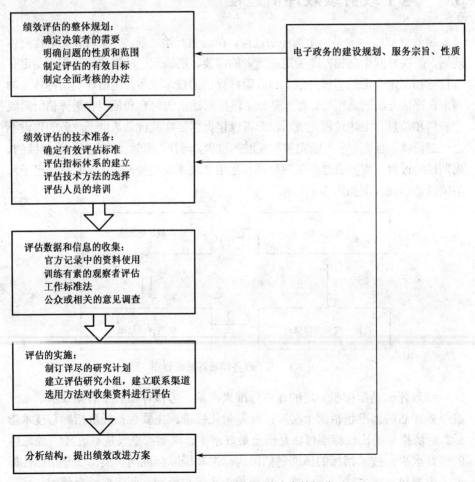

图 3-4　电子政务绩效评估内容的细分

　　在推动电子政务的过程中，电子政务在不同应用领域通常有不同的表现。按照电子政务涉及的应用领域，绩效评估可细分为以下几个方面。

　　（1）政府为社会提供的应用服务及信息发布，主要包括：通过政府网站发布信息，以供查询；面向社会的各类信访、建议、反馈，以及数据收集和统计系统；面向社会的各类项目申报、申请；相关文件、法规的发布、查询；各类公共服务性业务的信息发布和实施，如工商管理、税务管理、保险管理、城建管理等。

　　（2）政府部门之间的应用，主要包括：各级政府间的公文信息审核、传递系统；各级政府间的多媒体信息应用平台，如视频会议、多媒体数据交换等；同级政府间的公文传递、信息交换。

　　（3）政府部门之间的各类应用系统，主要包括：政府内部的公文流转、审核、处理系统；政府内部面向不同管理层的设计、分析系统。

　　（4）涉及政府部门内部的各类核心数据的应用系统，主要包括：机要、秘密文件及相关管理系统；领导事务管理系统，如日程安排、个人信息；涉及重大事件的决策分析、决策处理系统；涉及国家重大事务的数据分析、处理系统。

　　（5）政府电子化采购，即政府电子商务的运用。

　　（6）大力发展电子社区，通过信息手段为基层群众提供各种便民服务。

　　很显然，针对上述六大应用领域的绩效评估，在实施中应该有侧重、有重点，不可能齐头并进，而是要有选择地逐步推进。

 本章知识小结

　　本章在介绍政府绩效评估概述的基础上，重点介绍了政府绩效评估体系，包括指标体系结构和指标来源与权重设计。政府应引入绩效评估体系，以便对自身的电子政务实施状况进行考评。政府还应用制度机制来规范和引导电子政务建设工作。

案例分析

"广州模式"的电子政务绩效评估

　　广州市电子政务绩效评估工作由市信息办牵头市编委办、市发改委、市财政局、市直机关工委和市监察局等部门组织开展，分启动、单位自评、现场抽查、第三方机构评估、综合评估五个阶段进行，对全市 43 个政府部门和 12 个区/县级市进行了评估，并且重点对各单位电子政务的组织领导、建设应用、应用效果、资金的投入和使用情况及社会化等方面进行了评估。

1. 评估所反映的问题

通过此次评估，我们了解到广州市电子政务在加强公共服务、提升城市管理和提高行政效能等方面都取得了较大的进展和突破，电子政务建设和应用的步伐显著加快。全市电子政务的发展经历了以信息化基础建设为主的初始阶段和以扩充应用为主的扩散阶段，目前已经到了强调资源整合优化的整合阶段。除了成绩，我们更为关注的是评估当中发现的一些问题，如下所示。

1）电子政务发展的不平衡状况仍然明显

不同政府部门、区/县级市之间在信息化的投入方面（包括人员、资金等多方面）差异较大，"一把手"对信息化的重视程度决定了本部门信息化的发展状况。信息化起步早、投入大的单位进入了良性循环，电子政务水平逐步提高；而对信息化不予重视、投入较小的单位电子政务水平则止步不前。电子政务建设当中的"马太效应"已经出现。

2）信息安全仍然存在一定隐患

据本次评估获得的数据显示，广州市 43 个政府部门中只有 51.16% 的政府部门组织开展了信息安全风险评估工作；53.49% 的政府部门组织开展了信息安全等级保护工作；53.49% 的政府部门制定了信息安全应急预案或应急协调预案，但组织过信息安全应急演练的部门仅占 37.21%；有 72.09% 的部门对重要信息系统开展了灾难备份工作。这显示出各部门的信息安全防范意识还很薄弱，信息安全工作的任务还很艰巨。

3）电子政务重建设轻应用的情况依然存在

通过本次电子政务绩效评估调查发现，广州市大量的电子政务系统已进入应用维护阶段，运维费用占电子政务投入的比例越来越大，然而各个部门对电子政务还是停留在大规模投入建设的认识上，对如何提高系统应用效果和稳定运行方面的认识尚且不足。多数政府部门的电子政务运维管理体系不够健全，全市 43 家政府部门中有 28 家业务系统运维选择了外包，15 家选择自行维护，只有不到 10% 的政府部门建立了运维管理体系，而且在建立了运维管理体系的部门中也存在运维人员运维知识体系不足、运维管理制度不健全、流程不规范、缺乏考核指标等问题。

4）电子政务资源共享整合程度较低

本次评估发现，广州市的政府部门和区/县级市都已经建立了大量的电子政务系统，对政府部门开展城市管理、行政办公、市场监管等业务起到了极其重要的支撑作用，部分项目还获得了国家和省市的表彰。但是在不同部门之间，甚至部门内部不同业务处室之间的信息系统"烟囱林立"的现象仍然严重，系统之间不能互通、信息资源无法共享的情况造成了重复建设、资源浪费、政府业务协同难以开展等不良后果，政府行政效能大受影响。

2. "广州模式"电子政务绩效评估的特点

"广州模式"电子政务绩效评估可以概括为以下四个特点，这四个特点也是本次评估取得成功的基本要素。

1）强有力的组织领导是评估得以实施的坚实基础

本次评估包括 5 个阶段，评估主体涉及 6 个相关政府部门，评估对象覆盖了 43 个政府部门和 12 个区/县级市，另外还有多名人大代表、政协委员代表、外聘专家及第三方咨询机构参与，是一次涉及范围广、资料收集量大、难度系数较大的评估。为保证评估的顺利进行，以信息化主管部门牵头成立的电子政务绩效评估协调工作组为核心的组织团队，充分发挥了高效的组织领导能力，使整个工作开展得井井有条。以现场抽查阶段为例，工作组分为 3 个小组，在一周之内共抽查了 19 个部门和区/县级市，共出动了 157 人次，每个抽查小组都由市电子政务绩效评估协调工作组中的成员单位领导亲自带队，其中市信息办和市直机关工委的多名局级领导更是亲自带队进行抽查，被抽查单位也都给予了充分的重视，而且大部分单位的分管局领导甚至区/县级市领导也亲自参加了现场抽查座谈。这样的组织领导力度是本次评估能取得成功的重要保证。

2）多元化的评估主体和内外结合方式提供了评估的多视角、多维度

目前很多评估在主体上比较单一，往往造成评估的视角比较狭窄。广州市借 2007 年国家电子政务检查的契机，由广州市信息化工作办公室联合市编委办、市发改委、市财政局、市直机关工委和市监察局组成广州市电子政务绩效评估协调工作组，6 个部门同心协力组织了全市首次电子政务绩效评估，各部门不同的管理职能和关注点为评估提供了多视角的判断。

为避免以往评估中"内评估"和"外评估"相脱离的情况。广州市在开展本次评估时着意引入人大代表、政协委员代表、外聘专家和第三方机构参与，使得评估结果结合了更多维度的观点，更为客观。

3）细致的文件指导和科学的指标体系保证了评估的有序进行

2007 年 11 月，广州市信息化办公室联合市编委办、市发改委、市财政局、市直机关工委和市监察局印发了《关于印发〈广州市电子政务绩效评估管理办法〉的通知》（穗信息化字〔2007〕61 号），文件对电子政务绩效评估的原则、范围、评估主体、内容、方式方法等进行了规定。

随后，又印发了《关于开展 2007 年广州市电子政务绩效评估工作的通知》

（穗信息化字〔2007〕65 号），对评估的详细部署进行了说明，给出了评估的指标体系和自评估报告模版。指标体系的设计建立在科学的调研和分析基础上，结合了广州市电子政务的特点，既重点考察了业务系统、网站、基础设施、信息资源开发利用和信息安全等方面的建设应用情况，也兼顾了组织保障、应用效果等方面的指标。

为保证评估实施过程的有序和规范，本次评估还设计了工作方案、评估规则、指标量化表、实施细则、工作手册、现场抽查工作记录表等一系列工作文档，并对参与评估的主客体各方都进行了细致的培训。

4）多元素参与的综合评分模式保证了评估的客观性

在广州的电子政务绩效评估中，每个部门和区/县级市的评估结果体现为百分制的综合评分和一份针对性的评估报告。每个部门和区/县级市的综合评分由占 30% 的实地检查分数＋占 30% 的第三方机构评分＋占 40% 的 6 个部门组成的电子政务绩效评估协调工作组评分构成，这样避免了由某个主管部门评分或完全由第三方评分造成的主观性偏差；对各被评估单位的评估报告都结合了评估协调工作组多部门的意见及第三方咨询机构和专家的意见，既肯定了被评对象的成绩，又反映了其存在的问题。评估结果为评估客体所普遍接受。

3. 广州电子政务绩效评估的不足之处

尽管 2007 年广州电子政务绩效评估工作已经结束，通过这次评估工作，对全市电子政务的发展状况有了一个更好的了解，为电子政务下一步的规划和部署提供了参考，但是在总结成功经验的同时，我们也发现了许多的不足和有待改进之处。

1）指标体系还有待改进

首先，广州市电子政务绩效评估的指标体系设计受到了 2007 年上半年国家电子政务检查的影响，其中不少指标设计留有国家电子政务检查中指标的痕迹。在具体的评估实施当中，不同层面的评估指标体系的设计应该是大不相同的，有些国家层面适合的指标放在一个城市的评估中往往不太合适。

其次，指标体系设计还存在量化指标比例不足，定性指标比例过高的问题。另外，指标体系没有对不同类型评估对象进行分类处理，这也需要改进。对于不同类型的客体，有的部门具有公共服务职能，有的则以内部管理、决策咨询为主，不适宜采用相同的指标体系对它们进行评估。

2）在提高部门领导和业务部门的重视程度方面还有待加强

在实施过程中发现，虽然大部分部门对本次评估都很重视，主要领导亲自抓的情况不少见，但是还存在一些部门和区/县把电子政务绩效评估的事情完全推到部门和区/县的信息办、信息中心去办理，电子政务具体应用的业务部门不参与、不关心的现象。这与某些部门领导对电子政务未给予充分重视、业务部门对电子政务工作缺乏认识、信息化部门长期处于弱势地位有关。

3）在提高发现问题能力方面还有待提高

本次评估虽反映出了各单位电子政务建设存在的一些问题，但是被评估单位"报喜不报忧"的现象还是在一定程度上影响了评估主体的判断，无论是自评还是现场抽查，被评估对象有意避开缺点、只谈优点的情况比较普遍。而评估结果是要体现不同客体的差异性的，这就形成了一个矛盾。为减少这方面的影响，我们将被评估单位的"平时成绩"和"期末成绩"综合起来评估，将各单位平时的电子政务工作情况也纳入评估范围。这些"平时成绩"包括了各部门的电子政务规划、电子政务项目立项、招投标、验收、信息安全事故情况，以及相关部门对其政务网站、政务公开所做的考核等内容，这样也就给评估带来了很大的难度，使得数据的收集不够全面，对评估结果造成了一定的影响。

4）评估的可操作性还有待提高

本次评估设计了不少问卷、表格让被评估单位填写，涉及的内容有些过于详尽，"主观题"所占比例较高，既增加了被评估单位的填写难度，又降低了评估的准确性。应适当减少问卷、表格的数量，将问卷设为以"客观题"为主、篇幅适中、增加指导，只有这样才能减轻被评估单位填报材料的负担，提高评估的效率和准确性。

4.　"广州模式"电子政务绩效评估进一步发展的方向

"广州模式"电子政务绩效评估作为一次有意义的探索，取得了一些经验，同时也发现了许多不足和需要改进的地方。将来"广州模式"的电子政务绩效评估还可从以下几个方面做出突破。

1）将电子政务绩效评估纳入机关工作效能考核及领导干部考核中

2008 年，中共广州市委印发了《广州市区/县级市局级党政领导班子和领导干部落实科学发展观评估指标体系年度考核试行办法》，将信息化发展指数列入区/县级市局级党政领导班子和领导干部的考核指标当中，这显示出信息化工作已经越来越受到重视。电子政务绩效评估将来也要纳入机关工作效能考核和领导干部考核当中，这将加强电子政务绩效评估的考核力度，增加领导干部对电子政务工作的重视程度。

2）结合具体电子政务项目评估的角度

广州市对电子政务的项目管理水平一直处于全国前列，其中从立项审核、监理、招投标到验收和绩效评估的项目全生命周期的管理模式属于全国首创，并且对电子政务项目的绩效评估研究工作一直在组织开展，还进行了相应的试点。将这项工作与市财政部门合作，可以作为财政支出项目绩效评估的组成部分。今后的电子政务绩效评估要结合对电子政务具体项目的评估内容，从双重角度来进行评估。

3）事后型的评估向全过程绩效管理发展

目前国内的电子政务绩效评估都是事后评估型，"广州模式"也不例外，将来广州市要从事后评估向事中、事前逐渐扩散，最终进化成对电子政务从总体规划、建设到应用、运维、退出全过程的绩效管理模式。

4）进一步扩大评估的客体范围

目前，国内对电子政务的认识已经扩大到党委、人大、政协、法院机关、检察机关、事业单位等范畴，这些范畴的电子政务投入也在逐年增加，但是对其绩效状况的掌握却非常缺乏，因此电子政务绩效评估今后的发展方向应将电子党务、电子人大等范畴都包含进来，只有这样才能有效地把握电子政务的总体发展情况，进行有针对性的改进和部署。

 思考题

1. 为什么要进行电子政务绩效评估？
2. 电子政务绩效评估需要关注哪些方面？
3. 电子政务绩效评估包括哪些指标？
4. 电子政务评估的过程包括哪些步骤？
5. 在电子政务绩效评估时发现资源共享整合程度较低，如何解决这一问题？
6. 各地政府只重视电子政务的基础设施建设，轻视电子政务的实际应用，如何解决这一问题？
7. 目前电子政务的绩效评估大部分属于事后型评估，如何从事后型评估转为全程绩效管理模式？

参 考 文 献

[1] 张锐昕. 公务员电子政务必修教程. 北京：清华大学出版社，2008.

[2] 白庆华. 电子政务教程. 上海：同济大学出版社，2009.

[3] 杨安. 电子政务规则与案例解析. 北京：清华大学出版社，2007.

[4] 孟国庆，樊博. 电子政务理论与实践. 北京：清华大学出版社，2006.

第 ④ 章

无缝隙管理

本章内容：

传统政府管理模式

无缝隙政府管理

政府流程再造

无缝隙政府管理与"一站式"管理

4.1　传统政府管理模式

　　我国传统政府管理模式是政府自上而下地统一划分管理层次和管理幅度，政府内部有一个金字塔形的部门结构，高层政府垄断信息，而底层政府和公众只能掌握有限的局部信息。在这种组织结构中，管理层次和管理幅度成反比。管理层次越多，管理幅度越小；管理层次越少，管理幅度越大。上层管理者对下层进行监督和控制，下层向上层请示、申诉并执行命令。每个组织均按自下而上的层级结构形成一个指挥系统，即一级管一级。上级的意思通过中间层到下层，不需要上级时时刻刻一竿子插到底去管理每一个人。而下级的反馈信息也不能很好地及时被上层了解。因此，组织内部是相对封闭的、不自主的、互动性不强的，且它的信息交流结构会导致失真。传统政府管理模式如图 4-1 所示。

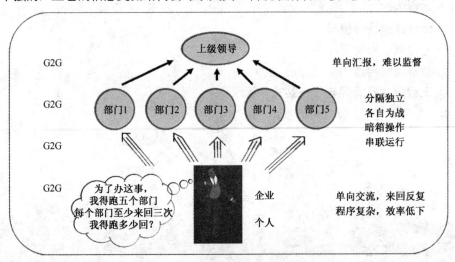

图 4-1　传统政府管理模式示意图

　　传统政府管理模式是高度集权的、层级制的、垂直的金字塔结构。政务的处理方式是以政府机构和职能为中心的。企业、社会组织和公众要通过政府部门办理相关事务，必须首先了解各个政府部门的基本职能、权限和具体分工，然后按照先后顺序分别到不同的政府部门办理。但随着后工业社会和信息社会的到来，这种流程管理模式日益显露出其弊端，主要表现为以下三个方面。

　　（1）过细的分工导致成本增加、效率低下。由于一项业务要经过若干部门、环节进行审批和处理，所以使得整个过程运作时间长，成本高。专业化的分工导致了政府组织自身的不断膨胀，随着管理层次的增多，组织机构越发臃肿，信息传递与沟通的成本急剧增加，信息失真率上升。过去这种迟缓的反应运行方式并没有明显的不足，相反还可能有助于决策质量的提高。但是随着市场竞争的加剧，信息化带来的生活节奏的加快，这种迟缓的反应变得越来越让人无法接受。迟缓的反应往往意味着在瞬息万变的市场环境中处于被动。

（2）部门权力分割，整体协调缺乏保障。机构由一个个专业部门组成，随着政府管理服务范围的拓展，专业部门持续扩张。不同部门之间及同一部门内部的不同处室，甚至处室内不同岗位都按照专业职能划分被赋予了一定的行政权力。其结果是大家只关心本部门、本人的业务，并以达到上级满意为准，部门之间缺乏横向联系，以致造成一些事务部门抢着管，一些事务没人管；同一样工作被不同的部门、不同的人重复做着；信息为部门所有，得不到共享和增值等。

（3）员工技能单一，适应性差。过细的分工降低了员工工作的难度，令工作单调乏味，知识得不到更新，致使工作和服务的质量下降，员工缺乏积极性、主动性和创造性，责任心不强。同时，过细的分工还导致员工过于注重个人的作业效率而忽视组织的整体使命，使局部利益凌驾于整体利益之上，个体目标超过了组织目标，从而弱化了整个组织的功效。

4.2　无缝隙政府管理

1．无缝隙政府的内涵

美国管理学家拉塞尔·M·林登说："无缝隙组织是指可以用流动的、灵活的、完整的、透明的、连贯的词语来形容的组织。"它以一种整体的而不是各自为政的方式提供服务，无论是对职员还是对最终用户而言，它传递的都是持续一致的信息。无缝隙组织的概念强调了一种整体性、连贯性与灵活性。

无缝隙政府正是以这种无缝隙组织为基本单位的。它以满足顾客无缝隙的需要为目标，围绕结果进行运作，高效高质地提供品种繁多的、用户化和个性化的公共产品与服务。无缝隙政府扬弃了官僚机构中陈旧、呆板、顽固、缓慢、高高在上的弊病，以具有高度的适应性、灵活性、透明性、渗透性的组织细胞取而代之。总而言之，无缝隙政府是一种以顾客导向、竞争导向、结果导向为核心价值的灵活组织。

2．无缝隙政府理论的组织设计模式

无缝隙政府理论是建立在对官僚科层制下的劳动分工、专业化及权力和功能的分割的否定基础上的。它认为：尽管劳动划分、专业化及权力和功能的分

割确实使政府机构有能力管理更加复杂的问题，但与此同时，它们也导致了政府职能的四分五裂、职责重复和无效劳动，束缚了卓有才华而勤劳尽责的政府文官的手脚，大大降低了政府活动的质量和效率。

进而，无缝隙政府理论提出了一种新的组织设计模式，即设计组织时根据自然的过程而不是人为的职能来确定。它认为：职能划分的假设——"执行同样职能的人应该共事"——被抛弃；同时，新的假设——"处于同一工作进程中的人应该共事"——要求以不同的工作进程对组织进行设计，将其划分成几个职能交叉的团队。例如，在处理贷款的过程中，团队包括贷款抵押负责官员、项目研究者及信用检查人员，他们共同合作（而不是按职能）来处理每个贷款申请的各方面事务。

这样，组织的内部关系就有了新的变化：人与人之间和机构之间由官僚制下的互不协作的关系变为相互之间积极沟通、通力合作从而共同完成同一目标的关系。旧的层层节制的管理方式也被人员的自我管理所取代。自我管理的团队在将高层管理减少到最低限度的基础上自我规划、实施和评估自身的工作，它们首要关注的是外部顾客的需求而不是内部官僚的需求。从整体上看，无缝隙政府克服了传统政府层层递进、分割独立等缺点，政府的管理模式由传统的金字塔式向扁平式转变，如图4-2所示。

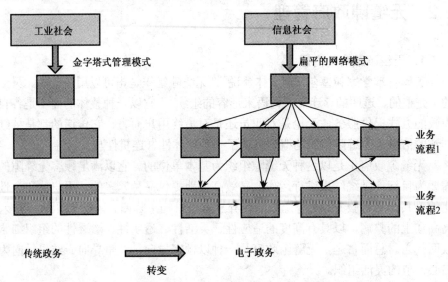

图4-2　政府管理模式由金字塔式向扁平式转变

3. 无缝隙政府理论强调服务方式的变革

无缝隙政府一切以顾客为中心、为导向，它强调对顾客进行面对面服务，即政府中的工作人员直接与最终用户接触，提供充分的信息，尽力为顾客提供各种方便，使购买和使用公共产品和服务的过程尽量简单、快速，以减少顾客在这一过程中金钱、时间、体力、精力的消耗及随之而来的风险，从而使顾客成本最小化，提高顾客的满意度。

与此同时，无缝隙政府在为顾客服务的过程中提倡顾客参与。当公共产品与服务的提供不能很好地满足顾客的特定需求时，为了保障公共产品与服务的质量，需要顾客的积极参与。例如，社区警察与居民合作把附近的公园从毒品商贩手里"接管"过来。在这里，顾客的角色并不只是公共产品和服务的购买者和使用者，更是公共产品与服务的生产协作者。顾客与公共部门的合作，带来了双赢的结果，有助于社会效益的提升。

4．无缝隙政府理论在政府再造理念方面对标准化操作规程（Standard Operating Procedures，SOPs）提出挑战

标准化操作规程（Standard Operating Procedures，SOPs）允许组织创制一些关于工作程序的具体的书面形式的规则条例，目的是努力消除由不同人反复去做某项任务时的差异。官僚体制为了保持其稳定性，也鼓励公共部门的成员按照一些标准的、一成不变的规程去操作，对每一种需求都采取同样的过程。

无缝隙政府理论打破了这种标准化操作规程的工作流程模式，认为，标准化操作规程对复杂性迥异的事件实行相同的操作程序，大大降低了工作的效率与质量。无缝隙政府理论还提出了给政府成员更多的自主权，它相信政府成员并非迂腐的、不愿变革的，相反的，他们愿意努力工作，改变工作方法以更好地满足顾客的需要。因此，政府的成员可以拥有更多的自主权对他们的工作进行创新，以快速、便利和高质的产品与服务实现顾客的需求。

5．无缝隙政府理论提出了新的责任机制

这种新的责任机制具体可以表现在两个方面：一方面，在公共部门内部，以集体责任取代个人责任。无缝隙的工作过程可能会使某些工作无法明确界定个人责任。围绕结果而不是职能进行组织的原则，要求政府部门拥有团队精神，围绕着同一工作过程，每个团队有共同目标、共同承担责任；另一方面，在民选官员与行政机构之间也有了新的责任机制。无缝隙政府围绕结果进行组织，要求民选官员和行政机构之间以一种新的契约形式出现——改变民选官员在行使监督职能时微观管理的角色，民选官员与行政机构之间实现"弹性责任"（Accountability flexibility）。

4.3 政府流程再造

无缝隙政府理论是在现存体制下针对官僚机构的弊端进行的反思。它舍弃以职能为导向的思考，转而以顾客和结果为导向设计出一整套新的思维方式和组织原则，从根本上对政府体系进行了重新设计和改造，使政府形成无缝隙的组织结构，促进了政府的决策能力，提高了政府的效率，实现了政府的社会服务功能。

1．政府流程再造的定义

政府流程再造（Government Process Reengineering，GPR），是参照企业流程再造而提出的。其广义的概念是指对政府业务流程进行根本性的再思考和彻底的重新设计，以使政府提供的服务在质量、效率等方面获得显著的提高。

GPR 的成功实施必须坚持以政府过程为中心，其首要前提和基础是对政府业务过程进行辨析和识别，然后将先进的政府管理服务流程计算机化，应用计算机网络和数据库技术将其平滑地连接起来，最后实现信息、数据和其他资源的共享，以加强政府各个部门之间的协调与合作。因此，GPR 也是电子政务的先导工程。

2．政府流程再造的基本原则和目标

1）政府流程再造的基本原则

（1）合法性原则。

政府流程再造必须以依法行政为前提，无论是对原有流程的梳理还是对新流程的设计，都需要对前置条件、程序等进行合法要件的审查。在实施政府服务流程再造中，应特邀法律顾问参加工作小组，具体负责流程再造的合法性咨询和审查。

（2）创新性原则。

流程再造追求的是一种彻底的重构，而不是追加式的改进或修修补补的改良，它要求转变习惯性的思维方式，发挥组织的创新能力，突破现存的结构与流程，重新发明完成工作的另类方法。因此，政府部门流程再造不能够简单地依靠减少几张申报表、缩短个别环节来提高办事效率，更要根据相对独立、相互制约的组织管理原则，对政府部门内部职能进行整合，实行决策、执行、监督三职能的相互区隔与协调。

（3）绩效原则。

政府流程再造的目的是实现绩效的飞跃，即非常显著地减少作业时间、降低作业成本、提高生产力、提升产品和服务品质。这就要求政府流程再造过程应着重搞好规划、程序建设和行为监管，尽量减少部门摩擦，实现便捷互动。

（4）便民原则。

政府流程再造的根本目的是"便民、利民"。在流程设计中应尽量实现"全程代理"和"并联式"服务，以部门职能整合或通过授权组建跨职能的联动团队，压缩从决策到执行间的传递过程，减少公众往来于各职能部门间的消耗，为公众提高公平、公正、公开的服务。

2）政府流程再造的目标

（1）流程便捷化。

流程再造的直接目的就是在分解和诊断原有流程的基础上，实施流程优化，使之达到便捷化和自动化，从而降低时间成本，提高服务效率。但必须指出的是，流程便捷化不仅指精简机构或者单一职能部门内部的变革活动，而是众多部门的联动；它不是单纯的技术变革，而是把行政业务流程系统化为战略决策。

（2）行为规范化。

流程再造首先是一种管理工具，其技术性的内涵便要求它是通过准确地描述并形成标准作业的一系列过程，因而，必须要求其目标和结构的科学、系统、严密和可行；同时，作为公共行政运行系统的战略性革新，它必须追求再造过程中的法治化、制度化、程序化。总之，不管是对流程再造的过程本身，还是保证过程顺利运行的制度和人，规范化都是基本要求。

（3）过程人性化。

在整个流程再造过程中，要始终树立"以人为本"的服务理念，要始终以服务对象需求为导向，进行快速回应、周到的服务；同时必须明确，流程再造的过程不仅是全程信息、全面技术的革新，其落实与运行最终要归结到广大公务员的全面参与上来，因而必须通过人性化管理，注重组织文化再造，激励和发挥行政人员的创造力，建立一种知识化、团队化、网络化的工作平台和相互协调、相互监督、相互合作的工作关系。

（4）品质标准化。

公共服务和公共产品的供给应体现无差别服务，公平与效率兼顾。再造流程的标准化与评价指标体系设计是达成政府部门业务流程彻底重构的基本前提。

3）政府流程再造的模式

在传统公共服务中，不同政府部门分别面对公众提供服务，如图4-3（a）所示。"单窗口——一站式"电子政务服务模式使公众只需要和政府前台进行交互，而无须深入了解政府内部的组织结构和业务流程，对政府而言，也意味着原有的部门窗口职能的打破和统一重组，相对于传统公共服务是一种流程再造，如图4-3（b）所示。随着电子政务的进一步深入，电子政务的前台和后台之间信息交换的程度增加，越来越要求后台的政府部门根据前台服务的需要进行组织的重构，最终冲淡各个部门之间的界限，使不同部门电子政务的后台表现为一个统一的整体，同时流程再造的程度也得以深化，如图4-3（c）所示。

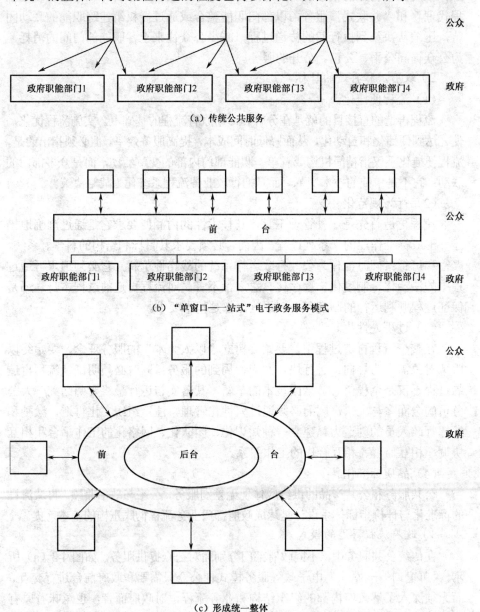

（a）传统公共服务

（b）"单窗口——一站式"电子政务服务模式

（c）形成统一整体

图4-3　传统公共服务向电子政务的服务模式转变

进一步来看，电子政务后台的流程又可细化为以下 8 种模式。

（1）信息共享性再造。在这种情况下，电子政务的后台不发生变动，仅仅通过虚拟前台将不同部门连接起来。在最简单的情况下，只要把某些现存的流程自动化，通过一个虚拟前台建立组织之间的网络连接，设立共享数据库就可以办到。这种情况适用于公共部门原有的组织结构较为简单或者已经整合得很好的情形，可以节省流程变革的费用，避免不必要的政治动荡。此时只需要赋予前台较强的信息共享能力，对存储在电子政府后台的公民及企业数据进行收集、处理、定位就可以实现流程再造。

（2）后台的深度再造。这种再造模式需要信息技术的强大支持，且电子政府后台的工作流会发生显著变革。它一般出现在电子服务的能力无法满足用户需要、后天供给能力严重不足的情况下，并且往往伴随着组织结构与其他部门协作方式的调整。深度再造的困难大，会面临技术和管理上的许多难题，但长期效益比较显著。

（3）缩小的后台和扩张的前台。在信息集成、数据挖掘、互操作技术的支持下，电子政府的后台日趋集中，政府的工作效率更高、作业更趋专业化。这种情况也面临部门利益冲突的阻挠，但挑战性比（2）小。与此相反，由于信息沟通的渠道增加，所以前台不断扩张，其扩张的形式由业务的特定需求决定。而缩小的后台尤其指隶属于不同地区的同一行政级别的公共组织，它们可以无障碍地实现公共服务信息的交换，如现在已经出现的公民社会保障基金的跨省际征缴和发放。

（4）在电子政府后台的不同部门间成立专门的协调机构。数据库虽然实现了各部门原始数据的集中存放，但在数据交换机制和不同部门的互操作协议上仍较为复杂，需要达成很多技术标准和管理上的共识。协调机构的建立使来自各部门的信息能够更好地兼容、智能化地分配，从而降低了流程协同和整合的成本。协调机构是为了实现更加良好的再造而专门设立的，没有特定的政府功能。例如，政府采购中心将不同部门的采购要求集中处理，但本身不具备行政职能。

（5）建构电子服务的通用业务模型。虽然不同种类的电子服务的内容差异很大，但在原理上却存在诸多共通之处，如都需要使用者提供个人身份信息、下载和返还政府部门的表格、提出需求、在线支付账单等，而后台工作人员提供服务的作业过程也非常类似。可考虑提供一套通用的业务模型，同时适当保证不同部门使用的灵活性，以实现规模经济效应。

（6）单一入口的构建。单一入口一般表现为提供"一站式"综合的政府网站，服务之间存在逻辑联系，可以互相交换信息，并按照便利使用者的方式组织起来。

（7）主动型服务的提供。在传统情况下，电子服务起始于公民向政府提交服务请求,而主动型服务在电子政府后台强大的数据仓库、联机分析处理、决策支持、数据挖掘技术的基础上,能够在恰当的时间和地点向最需要该项服务的公民提供准确的电子服务,从而为使用者带来极大的方便。例如,现在国外某些税务部门主动向公众邮寄报税单,公众只有在报税单存在错误的情况下才和税务部门联系。

(8)用户的自助式服务。在某些预先设定的情境下,用户对电子政府后台存储的数据有较大的操纵权,可以自由控制服务的进程,选择最适合的服务提供方式。对政府部门来说,这样做则大大节省了人力、时间和成本。例如,高效的学生手动选课系统、政府网上公共图书馆等。

4.4　无缝隙政府管理与"一站式"管理

传统政府服务模式已不能满足当今逐渐兴起的顾客导向社会的顾客需求,"一站式"服务是"无缝隙服务"的具体实践形式,它能降低顾客成本,为顾客提供满意服务。为公众提供便利服务,必须从实际出发,应分别在发达地区、较发达地区、偏远山区的地方基层实行"电子政府'一站式'服务"、"集中办公、现场办公'一站式'服务"和"流动政府'一站式'服务"。

1."一站式"电子政务

"一站式"电子政务,指服务的提供者——政府,针对公众中各类特定的用户群,通过网络提供一个有统一入口的服务平台,用户通过访问该统一的门户即可得到政府全程的电子政务服务。"一站式"电子政务可以使社会公众在短时间内完成以往必须长时间奔波、往返多个政府职能机构才能办成的事情(如咨询、申报、缴费、注册、审批、报关和投诉等),从而显著提高政府的办事效率,节省公众的时间。

电子政务建设旨在对分属政府各部门的相关职能进行精简和数据整合,通过统一标准数据交换系统和资源数据库,为政府内部管理提供统一的网络平台,为社会公众提供统一、快捷、一体化的电子化公共产品和服务。不受时空限制的"在线服务"要求政府各部门在业务管理相对独立的情况下,对内部传统的行政管理流程和组织结构进行必要的调整、再造和在统一标准下与其他部门对接,以实现政府业务的交互式协同办理。其核心是以网络通信技术和信息化为手段,并且基于统一的平台和标准对行政组织结构进行调整,简化行政业务流程,进行全面电子化整合,以构建国务院办公厅提出的"三网(政务内网、政务专网和政务外网)一库(数据库系统)"。

在"一站式"电子政务服务平台上,由政府、企业和居民三者构成的电子政务关系链将打破以往传统"条块分割"的科层制行政组织，促使行政组织进行网络化流程重组再造，从重分工的管制型向重整合的民主制服务型转变，使行政组织结构的阶梯式"金字塔"管理呈现扁平化趋势；使政府与公众之间和政府各部门之间的信息服务传递由单向变为双向，使政府机构到机构（G2G）、政府到企业（G2B）、政府到公众（G2C）实现政务资源共享，构筑行为规范、运转协调、公平透明、廉洁高效的行政管理体系。

2. "一站式"电子政务运作机制

"一站式"电子政务服务架构的基本设计思路为：首先在国家电子政务所建设的信任与授权服务平台的基础上，通过可信 Web Service 技术提供政务应用的基础运行平台，然后进一步在其基础上搭建一个统一的"一站式"电子政务服务架构，通过该架构提供跨政府部门的"一站式"电子政务服务。"一站式"电子政务服务的总体框架如图 4-4 所示。

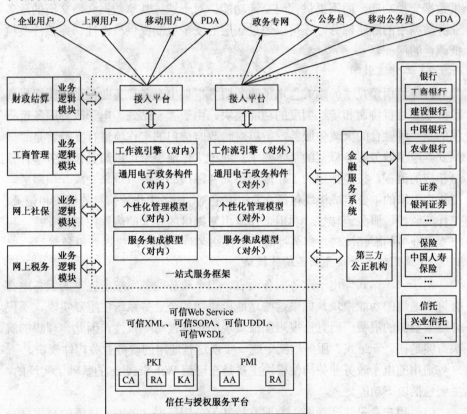

图 4-4　"一站式"电子政务服务的总体框架

具体功能模块叙述如下。

1）可信信息交换模块

由于"一站式"电子政务将同时为社会公众和政务专网用户提供政务服务，所以"一站式"电子政务服务基础架构平台应包括面向社会公众和面向政务专网用户两个部分。由于电子政务的公众服务系统客观上需要与内部的政务业务系统之间进行数据交换，以实现政务服务请求的转入和服务结果的反馈，所以在"一站式"电子政务框架中提供了可信信息交换模块（即传统的安全岛型交换模块），专门在对外（公众）服务和对内（政务）服务两个部分之间进行安全的、双向的数据交换。

可信信息交换模块由一个中间层的共享数据介质和两个分别连接到对外和对内服务模块的电子开关共同构成，两个电子开关协同工作以在同一时刻中间层的共享数据介质与其中的一个服务模块相连接。中间层的共享数据介质仅提供数据交换功能，而不提供代码交换功能。对于通过共享数据介质交换的政务业务数据中的敏感部分，还可以通过底层的安全机制提供机密性、完整性及抗抵赖性的保证。

2）工作流引擎

工作流引擎是"一站式"电子政务服务框架中对各政务业务系统所提供的政务服务进行协调和统一调度的功能模块。由于"一站式"电子政务服务所提供的是一种融合的大政务服务，所以对跨政府部门的工作流进行支持将是"一站式"电子政务服务框架的基本要求。通过工作流引擎可以为具体服务事件定制相应的流程，按照指定的工作流程协同各部门的业务系统来完成一项服务。工作流引擎的主要组成模块包括：工作流定制、服务工作流信息的修改和记录、工作流监控、服务流转等。利用工作流引擎提供的强大的流程控制与支持，可以实现业务的顺畅流转与事务提醒，加快事务处理速度，提高办事效率。

3）通用的电子政务业务构件模块

对于"一站式"电子政务服务而言，每个政务业务系统所提供的服务中都有许多通用的功能模块。如果这些功能模块在各个业务系统中重复实现，不仅会造成资源的浪费，而且也很难保证实现的正确性与一致性。因此，理想的解决方案是在"一站式"服务框架中统一实现这些通用的政务业务构件模块。

通用的电子政务业务构件模块主要是在可信 Web Service 的基础上实现的，主要包括以下功能。

（1）用户身份认证功能，主要支持基于公钥证书（PKC）认证的高强度身份认证机制。认证功能的实现需要与客户端模块的证书管理功能和基础密码运算功能相结合。

（2）应用操作授权功能，主要支持基于属性证书（AC）的应用操作授权功能。授权功能的实现需要用户端模块的证书管理功能的支持，并应提供对多授权模型的支持。

（3）安全数据交换功能，主要提供保证通用政务数据安全交换的功能，提供对目标数据的机密性、完整性保护，并提供对数据交换过程的抗抵赖性保证。

（4）可信日志功能，主要提供系统级的可信日志功能，为"一站式"电子政务服务框架的运行轨迹记录提供支持，记录的日志信息通过安全机制加以保护。

（5）系统配置管理功能，主要提供系统级的配置管理功能，还可以对配置信息的安全存储、有效性验证等操作提供支持。

4）个性化管理模块

作为面向大规模应用的"一站式"电子政务服务，必须为用户提供一个统一入口，使用户服务可以在"一站式"服务站点上进行。同时，由于所面临的客户群体具有较大的差异性，所以必须提供个性化的服务功能，允许用户根据自己的偏好来定制所需的政务服务。个性化管理模块所提供的功能主要包括以下内容。

（1）用户服务定制功能。允许用户根据自己的偏好，对"一站式"服务框架提供的服务界面的风格进行个性化定制，并允许用户根据实际的需要，对个人主页上的信息栏目进行灵活定制，从而给每个用户提供更为友好、更贴近实际应用需求的政务服务。

（2）基于客户关系管理的服务定制功能。在基本的用户服务定制功能的基础上，还可以进一步针对客户关系管理功能，对用户对政务服务的使用情况进行分析，并在此基础上对用户进行分类化管理，提供相应的等级化的区分服务。

5）服务集成模块

服务集成模块主要是针对非可信 Web Service 上的应用系统而言的，是指在"一站式"服务框架的层次上提供进一步的应用服务整合与集成支持功能。服务集成模块提供的功能主要包括以下内容。

（1）跨计算平台的接口功能。"一站式"服务框架能够通过服务集成模块对 CIS、B/S 及非可信 Web Service 等多种类型的计算平台提供集成式的支持，并提供更广泛的异构计算平台的资源整合功能。

（2）集成的安全机制。"一站式"服务框架通过服务集成模块能够实现安全机制的嵌入，从而确保集成的应用服务能够得到全面、有效、一致的安全保障。

（3）单点登录支持功能。"一站式"服务框架通过服务集成模块能够提供单点登录支持，实现对各个政务站点登录用的证书管理及配置管理功能。

6）客户端模块

客户端模块是"一站式"电子政务服务框架的客户端支持模块。由于整个"一站式"电子政务服务系统都是建立在 Web 平台上的，所以客户端主要是一个通用的浏览器，而且客户端模块主要是以插件的形式工作的。客户端模块提供的功能主要包括以下内容。

（1）证书管理功能。"一站式"服务框架通过客户端模块能够提供用户证书的下载、管理、验证，能够为用户享用信任服务和授权服务提供支持。

（2）安全功能支持。"一站式"服务框架通过客户端模块能够对用户公钥证书的硬件载体及其软件环境提供安全功能支持，保护用户的私钥证书不离开硬件载体，从根本上保证用户的信息安全。

（3）可信 XML 数据的解释与显示功能。"一站式"服务框架通过客户端模块能够提供可信 XML 数据的解释与显示，并可通过 Internet 浏览器享用政务服务。

（4）会话功能支持。"一站式"服务框架通过客户端模块能够提供会话功能，实现用户与"一站式"服务框架站点的人机会话。

（5）用户界面定制功能。"一站式"服务框架通过客户端模块能够提供用户定制功能，使用户可以使用站点个性化工具直观地修改站点风格，使之符合自己的个性需求。

3. "一站式"电子政务的业务流程

"一站式"电子政务具体的服务环节依次如下。

（1）社会公众登录。当客户端的社会公众在互联网上登录"一站式"电子政务系统时，客户模块便开始为之服务，它首先需要对用户的身份和服务系统的身份进行双向确认。身份认证流程主要采用了三次握手方式的双向身份验证机制，即客户端通过访问本地的 PKI 试题鉴别密码器，读取用户证书及进行本地密码运算；而服务器端则通过"一站式"电了政务服务构架来访问信任与授权服务平台提供的 PKI 基础安全服务，从而完成证书与密码的运算。

（2）服务请求。用户成功登录"一站式"电子政务服务系统以后，需要从"一站式"电子政务服务框架中下载用户的个性化电子政务服务主页和服务配置信息，然后由客户根据需要提交服务请求。在进行正常的电子政务服务处理之前，需要首先调用授权服务进行应用授权处理，只有通过授权的服务请求才会进入下一阶段的服务处理。

（3）服务调度及处理。经过授权确认之后的服务请求将首先被转到"一站式"电子政务服务构架中，并由工作流引擎生成一个广义电子政务工作流对象，然后利用下层可信 Web Service 计算平台所提供的服务查找和定位机制，确定当前工作环节所使用的电子政务服务所在的位置，并对工作流程进行调度管理。调度指令和参数信息将通过 Web Service 平台被定位并传递到相应政府部门的电子政务服务器中。电子政务服务系统接收到 Web Service 平台上送达的电子政务服务请求之后，首先对请求的有效性进行验证，然后将有效的服务请求送入可信交换模块进行交换，并经异步交换机制送入相应政府部门业务服务系统完成处理。处理的结果再经由交换模块返回电子政务服务系统，并经由 Web Service 计算平台送达"一站式"电子政府服务框架系统，然后由工作流引擎进行下一环节工作的工作调度，同时将电子政务服务请求的进度情况返回用户客户端。当前的工作流全部调度完成以后，"一站式"电子政务服务构架负责将最终的服务结果返回客户端处理。

在一次电子政务服务全部处理完毕之后，应对相关的服务处理情况和操作痕迹全部进行保存，用于对用户行为的分析和管理，以便针对用户的行为模式提供具有针对性的个性化电子政府服务。

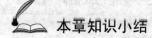

本章知识小结

本章首先介绍了我国政府传统政务管理的模式——金字塔式管理的一些不足之处。由于传统管理模式随着政府管理方式改革及电子政务的发展，逐渐被新的模式——无缝隙管理模式所取代，从而引出了电子政务下的无缝隙管理的概念。在介绍电子政务政府流程再造时，本章着重介绍了流程再造的原则、目标及再造的模式。本章最后介绍了政府无缝隙管理的实现方式——"一站式"管理的运作机制和业务流程。

案例分析

"网上政府""一站式"服务

青岛市委、市政府门户网站——青岛政务网改版，新的青岛政务网成为网上"服务型政府"，并增加了许多为民、便民、利民的服务资源，同时搭建起了公众参政议政、监督评议和政民互动的最佳平台。

　■关键词：透明
第一时间发布政府信息

　　登录青岛政务网可以看到，网站右侧设立了"公示公告"、"最新公文"等栏目。其中近期访谈安排、市国土局领导接访安排、辽源路办事处驻地改造项目公示、2008 年青岛市部分市属事业单位招聘等信息，都在第一时间从这里发布。网页左侧上方有个"政府信息公开"栏目，其中有市长专页、政府公报、政府会议、为民实事、政策解读、公务员考录、政府新闻发布会等栏目。市级政府信息公开目录涵盖了工作机构、政府规章和规范性文件、规划、统计、财税、人事、行政事业性收费等 10 余类信息。

　　全市 79 个党政群部门编制了信息公开目录和指南，建成了信息量大、查询方便、内容丰富、可用性强的"青岛市政府信息公开数据库"。现在，该数据库已有各类文本信息 22 712 件。

　　■关键词：申请

　　市民可向政府要信息

　　该网站上还有个"申请"栏目，市民可根据需要进入"依法申请公开系统"，向行政机关申请获取相关政府信息。对有证据证明行政机关提供与其自身相关政府信息记录不准确的，市民可登录"信息更正系统"，要求行政机关予以更正。

　　青岛政务网还设立了"政府信息公开意见箱"。市民可直接向政府部门就信息公开的有关事项发送意见和建议，进行咨询、求助和投诉。

　　据悉，青岛市政府信息公开工作已列入年度目标绩效考核，政府部门若不按规定公开信息，不受理已申请公开信件和意见箱意见建议，均要扣分。

　　■关键词：便民

　　三千多服务事项"一点通"

　　从网站上看到，在"办事服务"一栏中，新版青岛政务网已整合了 3 600 个办事服务事项，大致分为常用服务、居民服务、企业机构、部门分类、社会公共服务、服务专题等大类。其中常用服务又分为户籍、教育、婚姻、生育、收养、医疗保险、养老保险、失业保险、生育保险、工伤保险 10 大主题，设置了人性化导航，市民可依据引导和温馨提示获取服务结果。

　　在网站上，小到个人身份证办理，大到企事业开业、注销登记等，一应俱全。其中，全市保留的 348 项行政许可事项中的 312 项已网上办理；全市 1 024 所学校，252 所计生服务站（所），16 所市属医院和 133 家涉及水、电、气、热的公共企事业单位的服务事项均可从网上查询使用。

　　■关键词：畅通

　　公众参政议政的最佳平台

　　改版后的青岛政务网，建成了集"政府在线"（市长信箱）、意见征集、网上信访、在线访谈、网上听证、建议提案等内容于一体的"政民互动"综合平台。

一方面，市民可以对政府部门发布的各类征集、公示等内容发表看法，还可以通过"政府在线"、"纪检监察信箱"、"行政效能投诉信箱"等渠道，实时监督评议政府的工作；另一方面，政府部门通过"在线访谈"和"网上信访"等形式，关民情、听民意、话民生、解民忧，可不断提高政府公共服务水平。

 思考题

1. 我国政府传统管理模式的弊端有哪些？
2. 什么是无缝隙政府？
3. 什么是政府流程再造？
4. 政府流程再造的目标和原则是什么？
5. 什么是"一站式"管理？
6. 你认为电子政务还有哪些需要改进的地方？

参 考 文 献

［1］白庆华. 电子政务教程. 上海：同济大学出版社，2009.

［2］黄卫东，翟丹妮. 电子政务系统分析与设计. 北京：北京大学出版社，2006.

［3］宋伴基. "一站式"电子政务及其主要技术. 电信快报，2004，（6）：12-44.

［4］樊博. 电子政务. 上海：上海交通大学出版社，2006.

［5］王莹，马斌. 无缝隙政府理论与政府再造. 电子科技大学学报社科版，2003，5（2）：9-13.

［6］http://zaobao.qingdaonews.com/html/2008-10/27/content_1148838.htm.

第 5 章

政府及政府部门之间的电子政务

本章内容:

G2G 电子政务的主要内容

电子法规政策系统

电子公文系统

电子档案管理系统

G2G 是指政府（Government）与政府（Government）之间的电子政务，即上下级政府、不同地方政府和不同政府部门之间的电子政务活动，是电子政务的基础性应用。它主要包括以下内容。

（1）电子法规政策系统，对所有政府部门和工作人员提供相关的现行有效的各项法律、法规、规章、行政命令和政策规范，使所有政府机关和工作人员真正做到有法可依，有法必依。

（2）电子公文系统，在保证信息安全的前提下在政府上下级、部门之间传送有关的政府公文，如报告、请示、批复、公告、通知、通报等，使政务信息十分快捷地在政府间和政府内流转，提高政府的公文处理速度。

（3）电子档案管理系统，利用电子政务技术，将各种信息按照一定的规则进行归档保存起来，以方便各政府部门查阅和利用。通过共享信息，可以改善政府的工作效率和提高政府人员的综合能力。

（4）电子财政管理系统，向各级国家权力机关、审计部门和相关机构提供分级、分部门历年的政府财政预算及其执行情况，包括从明细到汇总的财政收入、开支、拨付款数据，以及相关的文字说明和图表，便于有关领导和部门及时掌握和监控财政状况。

（5）电子办公系统，通过电子网络完成机关工作人员的许多事务性的工作，节约时间和费用，提高工作效率，如工作人员通过网络申请出差、请假、文件复制、使用办公设施和设备、下载政府机关经常使用的各种表格，报销出差费用等。

（6）电子培训系统，对政府工作人员提供各种综合性和专业性的网络教育课程，特别是适应信息时代对政府的要求，加强对员工与信息技术有关的专业培训，使员工可以通过网络随时随地注册参加培训课程、接受培训、参加考试等。

（7）业绩评价系统，按照设定的任务目标、工作标准和完成情况对政府各部门业绩进行科学的测量和评估。

5.1　电子法规政策系统

1. 电子法规政策系统简介

颁布和实施各项政策法规是各级政府部门的一项重要工作。由于政策法规的牵涉面广、信息量大、时效性强，因此，制定、发布、执行各种政策法规历来是政务活动的重要内容。通过电子化方式传递不同政府部门的各项法律、法规、规章、行政命令和政策规范，使所有政府机关和工作人员真正做到有法可依，有法必依，具有十分明显的速度和管理成本优势，既可做到政务公开，又可实现政府公务人员和老百姓之间的"信息对称"。目前，众多政府机构的网站都开设了不同形式的政策、法规的宣传窗口，起到了较好的作用。

2．电子法规政策系统的业务流程

公共部门拥有大量的政策文件、法律法规等公文信息，这些信息通常是公众、企业等专业用户所经常查阅的重要资料。如何能够最大程度地方便用户获取此类信息，其关键环节主要体现在两个方面：一是要全面收集素材（国家历年出台的政策法规文件），根据用户的使用和查询的习惯研究并标识出各种属性，将素材整理好形成后台的数据库支撑系统；二是要开发一套网站查询页面，与后台数据库进行对接，方便用户在海量信息中快速获取所需要的信息。实现政策法规查询系统的难点主要是对法规属性的设置，以及全面收集相关的素材。电子法规政策系统具体的模块构成如图 5-1 所示。

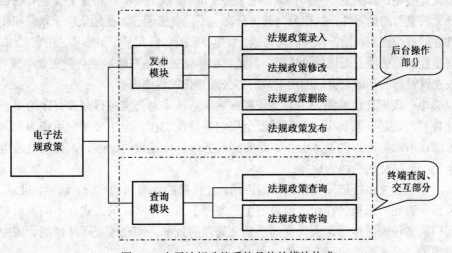

图 5-1　电子法规政策系统具体的模块构成

电子法规政策系统的业务流程一般按照法规政策的维护（录入、修改、删除等）—法规政策的发布—法规政策的查询、检索—法规政策的咨询（交互）的程序步骤进行。

5.2　电子公文系统

1. 电子公文系统简介

电子公文也称数字化公文，是运用计算机系统和现代信息管理技术制发的全数字化形式的公文。电子公文与相同内容的纸质公文具有同等法定效力。

公文处理是政府部门的基本职能，传统的公文处理方式是依靠纸张作为载体，借助盖章、签字等形式实现公文的传递与处理。这种公文处理方式不但浪费资源，而且因为周期长、效率低，常常会出现因公文"长途旅行"而影响政府决策的效率，如在招商引资过程中，不少地方政府因为公文处理过程复杂漫长而失去吸引外资的机会。

与纸质公文相比，电子公文具有存储体积小、检索速度快、远距离快速传递及同时满足多用户共享等优点。随着计算机和网络技术的应用普及，越来越多的公文直接在计算机上产生和传输，电子公文也将越来越多。但电子公文也存在自身无法克服的局限性，如信息与载体分离、不能直接阅读，必须依赖于软件和硬件才能被识别和利用；容易被人修改、复制，修改之后几乎不留痕迹，在真实性、完整性、凭证性方面比较难认可。总之，电子化公文是在解决原有公文效率低、安全性差等的基础上提出的新型政府办公理想化的设施内容。

电子政府建设的重要内容是依靠网络信息技术对公文进行高效有序的电子化处理，这是关系到电子政府建设全局的基础性工程。电子公文应用作为我国各级政府政务工作的基本业务，是实施政务信息化建设的突破口。公文处理电子化、网络化已经成为现实。

电子公文系统借助网络技术的应用，使传统的政府间的报告、请示、批复、公告、通知、通报等在保证信息安全的前提下通过数字化的方式在不同的政府部门间实现瞬时传递，大大提高了公文处理的效率，彻底改变了传统的、司空见惯的"公文长途旅行"现象。

2. 电子公文系统的构成

电子公文需要处理的内容既包括党政机关、企事业单位、群众团体等组织在办理公务中形成和使用的通用公文，也包含军事类、司法类、涉外类等专用公文，既有人们日常所称的党政机关"红头文件"，还有信息类、简报类、信函类、礼仪类和讲话类等非规范性公文。

在电子公文系统中，公文交换、收文办理、发文办理系统和文档一体化管理系统环环紧扣；系统控制、安全防范软件系统和电子版式及电子印章软件系统缺一不可。公文处理人员和相应的工作环节必须配置必要的计算机及打印、扫描、复印等办公设备，并具备键盘、语音、手写、扫描输入和网上直接下载、复制、粘贴等功能。机关内部的 OA 网和外部的传输网络应当互联互通。

电子公文处理应当建立规范的收文、发文、交换和文档一体化等管理制度，并应针对电子公文的特点制定相应的制作排版、电子用印、网络传输、加密控制、流程控制、权限控制和备份等技术规范。文秘人员和审核签发公文的领导不但需要熟悉公文处理的基础知识，还需要掌握基本的计算机操作技能和打印、复印、扫描、发送等技能，并应了解相应的网络、传输和安全保密等知识；开发、管理和维护等技术人员不但要懂技术，还应了解相应的公文种类、行文规则、收文、发文程序、方法和要求等公文处理基础知识。

3．电子公文的流程管理

公文流程电子化管理的特点是：公文直接在计算机上生成，通过网络进行传递，在计算机服务器与计算机终端上对文件进行实质性的办理，相应的文件管理功能也主要通过计算机系统完成。公文流程电子化管理将极大提高办公的效率和质量。它具体具有如下功能。

1）公文处理流程的维护

包括流程定义——完成流程的初始设置，一旦流程定义完成，文件将自动流转，无须干预；流程增加——流程环节的增加；流程修改——更改现有流程；流程删除——删除流程中的冗余环节或不适用的流程定义；流程显示——针对有权限的工作人员显示公文处理流程。

2）收文处理

包括收文登记——对收文的各种基本信息逐项登记，以及纸制公文的电子化处理；拟办——将拟办公文通过网络发送给相关负责人，在计算机上直接签署意见，完成后自动发送到承办部门；承办——通过网络将公文发送给承办部门，如果涉及多个部门，则可以群发送；催办——根据公文所需的处理步骤、办理速度和利用情况，由系统实现自动跟踪催办。

3）发文处理

包括拟稿——使用文字处理、表处理、图形处理软件等进行电子公文的撰写；核稿——通过网络发给审核负责人，签署审核意见，初稿返回拟稿人处修改；签发——网络发送到签发负责人处，由其签署意见，然后发送给公文管理部门；分发——公文管理部门选择代分发的文件，确定收文单位、报抄单位后进行发送；登记——对发文处理完毕文件的题录项（如文件序号、类型等）进行登记。

4）公文检索

公文检索是指对收文、发文的目录或全文信息都可以按照相应的用户权限进行公文查询。

5）公文统计

公文统计是指对各个阶段、各个时间、各个部门、各个类型的公文状况和公文利用情况做出统计并输出统计报表和图表。

6）立案归档

立案归档是文件的归宿，是文件管理中不可缺少的环节。

电子公文的流转过程如图 5-2 所示。

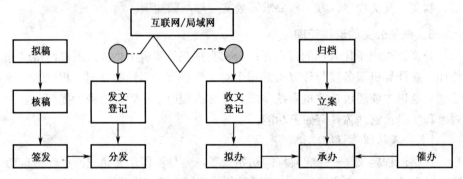

图 5-2　电子公文的流转过程

5.3　电子档案管理系统

1. 电子档案管理系统简介

电子文件是指在数字设备中产生，以数码形式储存于磁带、磁盘、光盘等载体中，依赖计算机系统阅读、处理，并可在通信网络上传送的文件。电子文件的类型多种多样，主要有文本文件（或称字处理文件）、图形文件、图像文件、视频文件、音频文件、数据文件、命令文件（或称计算机程序）、多媒体文件等。

随着科技的进步，档案事业的不断发展，电子档案应运而生，档案工作管理的方法和模式也从传统走向变革。所谓电子档案是指具有长久保存价值的归档电子文件。传统档案是电子档案的基础，电子档案是传统档案的发展。

在全国建立起统一、完整的档案管理系统，可使政府部门可以根据权限上传、查阅、修改、销毁文档等。而电子档案管理系统既可以使不同政府部门共享信息，大大促进政府工作的开展，又可以在改善政府工作效率的同时，提高政府工作人员的能力和水平。

2. 电子档案管理系统的构成

档案管理就是将各种信息按照一定的规则归档保存起来，以方便今后的查阅和利用。电子政务环境下的档案管理，则是采用电子政务技术，实现档案数字化，自动归档组卷，辅助查询，从而提高政府档案管理水平，满足政府管理和为社会公众服务的需要。档案数字化是与传统档案工作相对而言的，它是档案信息化、现代化的重要内容之一。从概念上说，档案数字化就是借助各种现代高新技术，实现各种档案资源数字化存储、加工、流转、利用与控制的过程。

1）建立政府档案数据库

根据对组卷要求的相似与否及档案本身的一些特性，可将档案划分为 4 大部类，即文书档案（包括党群类、行政类、经营类、生产技术类）、科技档案（包括产品类、科研类、基本建设类、设备仪器类）、会计档案、人事档案。对于不同部类的档案应采用不同的档案数据库结构。

2）政府档案的收集与保存

在建立政府部门的电子档案管理系统时，要能够自动收集其他电子政务系统中的有关信息（如数字化图纸、电子化文件、电子会议记录等），要根据国家档案管理的标准化要求，建立相应的档案数据库，实现档案管理的网络化数据传输。还要根据档案管理要求，按照不同的部类进行采集、组卷归档。

3）政府档案的利用与开发

对收集来的上级政府信息、同级政府信息、政府内部信息、社会信息、电子化信息等进行归档组卷和保存，就形成了各种文字档案、音像档案、照片档案、电子化档案。最后对这些档案进行发布，其目的是更好地为政府、为公众提供档案服务。由此可知需要对各种信息按照档案管理的要求进行处理归档。在对文字、音像、照片信息进行归档加工处理时，档案的标引、分类、组卷等不仅工作量巨大，而且需要大量智力投入，从而形成了档案管理电子政务的速度瓶颈。因此，要求电子政务提供一个解决方案，不仅要把政府档案管理员从繁杂的事务中解脱出来，而且更关键的是解决人工处理政府文件时存在的时滞、处理不一致问题，提高各类文件和档案的前期分析效率，包括自动标引、自动分类、自动组卷、自动赋予案卷题名等。

3. 电子档案管理系统的功能

在电子化办公处理系统过程中进行流转的公文或者其他形式的文件，有相当一部分最终要进行归档保存，以备日后工作考查和历史研究的需要。因此，电子档案管理系统的功能应考虑到这些需要电子档案管理系统的模块组成（如图5-3所示）。

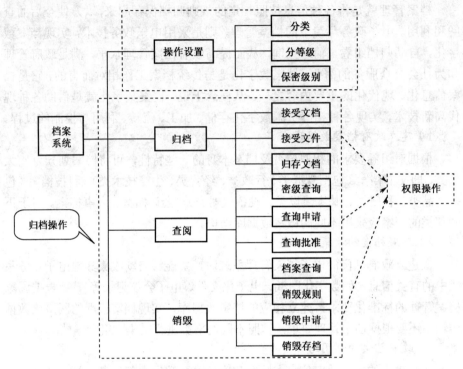

图 5-3　电子档案管理系统的模块组成

电子化办公处理系统应该提供比较完备的电子档案管理功能。它主要按照档案处理的一般业务流程（即分类分级、归档、查阅和销毁）提供如下功能。

（1）立卷。根据名称、关键字、立卷人、日期、密级等内容建立档案卷宗。

（2）档案查询。对于所有的"查询申请"事务记录进行查询检索，对于"查询申请"可以进行是否"批准"的操作，应将"未批申请"和"有效申请"分开管理，完整保存所有历史记录；对"批准"查询的档案可以依据标题、所属部门、归档人、日期进行档案的检索查询。可以对检索出的档案提出阅读请求。

（3）权限。依据用户、保密等级、赋权人等条件进行权限的查询。对不同用户授予不同级别的权限，资料保密级别可以设定为一般、机密、秘密、绝密等。赋权时可以对所赋权限进行备注说明，以便阅读理解。

（4）归档。传统的归档是指将具有保存价值的文件集合（案卷）向档案部门移交的过程，但对于电子档案而言，现阶段需要在电子文件归档的同时，将相应的纸质文件进行归档，即"双套制"归档。电子文件的归档范围主要包括：在行使本机关职能中形成的各种文本文件。对于需要保存草稿的文件，修改应在复制件上进行，并记录版本号，将草稿和定稿一起保存；本机关制作的各种数据文件，包括数据报表、数据库等；为保证电子文件长期可读性而收集的各种支持软件，包括操作系统、应用软件，以及相关的数据和配套文档资料；以上各种电子文件的整理、录著和鉴定信息。

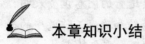

本章知识小结

本章在介绍政府及政府部门之间的电子政务时着重介绍了三种电子政务活动，即电子法规政策系统、电子公文系统和电子档案管理系统，并对这三种系统的业务内容、业务流程进行了较为细致、详尽的说明。

案例分析

河池电子政务建设有喜有忧

2009 年 6 月 2 日，市政府办公室的监男和往日一样，将我市的政策性新闻及政府公告发布在市政府网站上。作为政府网站的管理员，这是他每日必行的工作之一。

这个点击率达 66 万次左右的市政府网站，从 2004 年改版至今已运行 5 年。从 2004 年河池铜鼓山歌艺术节到 2009 年六宜高速公路开工，5 年里，它逐渐成为人们了解河池大事的重要途径。

这仅仅是河池市政府部门电子政务建设的一个缩影。所谓电子政务，就是应用现代信息和通信技术，将管理和服务通过网络技术进行集成，在互联网上实现组织结构和工作流程的优化重组，超越时间和空间及部门之间的分隔限制，向社会提供优质和全方位的、规范而透明的、符合国际水准的管理和服务。

而河池电子政务这条沟通政府部门之间、政府与群众之间的纽带，在这 5 年中大放异彩，同时，由于发展的时间并不长，尚在"襁褓"中的河池电子政务建设的"短板"也初露端倪。

1. G2G 流光溢彩

政府间的电子政务，也被称为 G2G，是电子政务的重要内容之一，其最明显的优势之一便是无纸化。由于政府行政程序的必要性，使得政府间公文的传输往往需要大量的纸质资源，但电子政务借助电子信息技术便实现了公文制作及交换、传输的无纸化。

2007 年，我市建成"河池市无密级公文传输系统"，截至目前，全市各级党政机关 1 200 多家单位安装了这一传输系统。两年多来，全市所有的政策下达、公文传输都由此传送，公文无纸化传输的局面由此展开。

无纸化行政有助于提高政府的工作效率，减少公文差错，这一优势使得电子办公深入人心，但并没有确切的统计数据表明电子政务所带来的变化。2008年，市机要局对市直有关部门及县级政府部门工作人员进行的问卷调查表明，八成以上的工作人员认为，电子政务建设对于资源的节约和政府工作效率的提高居功至伟。除此以外，即时性也是政府间电子政务的又一重要特点。

"以往政府公文由市一级往乡镇一级传输时，中间由于程序烦琐，往往需要大量的时间，但河池市无密级公文传输系统建成后，通过电子传输，一瞬间便能完成所有公文的传输。"蓝勇说。

电子政务所带来的优势绝不仅限于此。政府部门之间信息的共享更有助于公民行为的规范管理。

2. 部门网站成了"老皇历"

自治区社科联专家李新富表示，在数字化的今天，政府部门的职能正从管理型转向管理服务型，政府部门的信息越来越多地通过网络传输，因此，政府部门应努力通过网络开展工作，以适应未来信息网络化社会对政府的需要，但我市电子政务建设却并不均衡。G2G，即政府间电子政务正大步向前，但被称为政府与公民间的 G2C 电子政务建设却大为滞后。

政府与公民间的电子政务往往以部门网站作为最主要的表现形式，政府部门将政策、部门动态等许多内容放在互联网上，居民通过网页了解政府部门的信息。但就我市而言，部门网站建设的滞后拖了全市电子政务建设的后腿。

据统计，在河池市政府门户网站上所列出的 35 个政府工作机构中，仅 12 个部门建有相关网站，23 个部门没有任何网站和主页。在这些有限的已建有的部门网站上，数家网页信息更新至 2007 年为止，有的甚至更为久远，这些网站成了"老皇历"。

李新富表示，信息的即时性是电子政务建设最重要的特性之一，因此，政府部门对信息的及时发布是十分必要的。

除此以外，不仅限于网站建设，即便在现有的全市政府部门之间的政府公文的传输软件上，不少部门由于观念老套，在传输公文完成后，仍将公文打印出来进行下发，这使得纸资源并未得到有效节约，无纸化这一特性并未完全显现。

"我市电子政务发展的时间并不长，不少部门并未完全适应，但总体而言，我市电子政务建设已取得较大成效，且正处发展阶段，将得到进一步完善。"蓝勇表示。

 思考题

1. 什么是 G2G 电子政务？
2. 政府间的电子政务包括哪些内容？
3. 什么是电子公文？
4. 什么是电子公文系统？
5. 简述电子公文管理的流程。
6. 简述电子档案管理系统的结构。
7. G2G 电子政务是如何提高政府行政效率的？

参 考 文 献

[1] 白庆华. 电子政务教程. 上海：同济大学出版社，2009.

[2] 汤志伟，张会平. 电子政务的管理与实践. 成都：电子科技大学出版社，2008.

[3] 杨路明，胡宏力，杨竹青等. 电子政务，北京：电子工业出版社，2007.

[4] 李传军. 电子政府管理. 北京：对外经济贸易大学出版社，2008.

[5] 赵国俊. 电子政务. 成都：电子科技大学出版社，2009.

[6] 孟庆国，樊博. 电子政务理论与实践. 北京：清华大学出版社，2006.

[7] 曾伟，蒲明强. 公共部门电子政务理论与实践. 武汉：中国地质大学出版社，2008.

[8] 李森，张霖. 浅谈电子公文系统开发和应用问题. 内蒙古科技与经济，2006，（15）.

[9] http://hcrb.hcwang.cn//html/2009-06/04/content_4562.htm.

第6章

政府对企业服务的电子政务

本章内容：

政府对企业服务的模式

公用信息发布系统

网上工商系统

电子采购

电子税务系统

6.1　政府对企业服务的模式

G2B 模式主要运用于电子采购与招标、电子化报税、电子证照办理与审批、公布相关政策、提供咨询服务等。G2B 电子政务实质上是政府对企业提供的各种监督管理和公共服务。例如，通过营造良好的投资和市场环境，维护公平的市场竞争秩序，协助企业特别是中小企业的发展，帮助其进入国际市场并参与国际竞争，同时提供政府的各项信息服务等。此外，G2B 电子政务还致力于电子商务实践，营造安全、有序与合理的电子商务环境，从而大量削减企业负担，对企业提供顺畅的"一站式"支持服务，引导和促进电子商务发展。

G2B 电子政务对企业的服务包括以下三个层面。

（1）政府对企业开放各种信息，如政府向企事业单位发布从事合法业务活动所需遵守的各种方针、政策、法规和行政规定，包括产业政策、外经贸政策。下面的 6.2 节将以公用信息发布系统为例说明政府对企业开放信息的应用。

（2）政府对企业的电子化服务，包括政府采购电子化、政府税收服务电子化、政府审批服务电子化、政府对中小企业服务电子化等各种与企业业务有关的电子化服务活动，如税收申报、海关申报等。下面的 6.3 节与 6.4 节将以网上工商系统和电子采购为例说明政府对企业的电子化服务。

（3）政府对企业的监督管理，包括政府对企业的工商管理、对外贸易管理、环保卫生管理，如政府向企事业单位颁发的各种营业执照、许可证、合格证、质量认证等。下面的 6.5 节将以电子税务系统为例说明政府对企业的监督管理。

6.2　公用信息发布系统

各级政府应利用网络手段，将拥有的数据库资源对企业开放，方便企业利用，为企业提供各种快捷、高效、低成本的信息服务。公用信息发布系统的管理员可以自定义信息种类，随时新增、查询、删除、修改发布的信息，其他人员可以以各种方式查询已发布的信息。公用信息发布系统一般包含电子公告牌、办事指南及网上论坛三大功能模块。例如深圳市中小企业服务中心的网站（http://www.szsmb.gov.cn/，如图 6-1 所示），该网站提供了新闻中心、通知公告、政策法规、办事指南、专项资金及互动交流等功能模块。

图 6-1　深圳市中小企业服务中心的网站

6.2.1　电子公告牌

电子公告牌提供了在电子政务系统内发布电子公告的功能，公告中可以包括字符、图片，可以编辑成美观大方的格式。电子政务系统具有发布公告流程的审核设置功能，只有被领导审核通过后的文件才可以发布。例如，深圳市中小企业服务中心网站的新闻中心（如图 6-2 所示）便发挥了电子公告牌的作用。

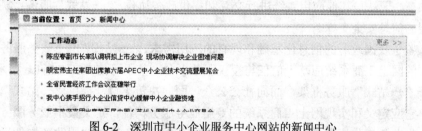

图 6-2　深圳市中小企业服务中心网站的新闻中心

6.2.2　办公办事指南

办公办事指南系统可为企业的工作人员提供单位简介、领导分工、机构分布等信息。例如深圳市中小企业服务中心网站，通过该网站，企业可以了解专项资金申请程序、民营领军骨干企业、企业办事指南和中心办事指南的相关信息。

6.2.3 网上论坛

网上论坛为电子政务系统联网用户提供了相互交流的场所，使他们可以讨论技术问题、社会热点问题，可以起草话题，也可以针对其他用户起草的话题发表自己的意见、看法。例如，深圳市中小企业网站的互动交流就发挥了网上论坛的作用。

6.3 网上工商系统

具有强大生命力的现代电子交易手段已越来越广泛地被人们所认识。作为对市场经济秩序进行监督管理和行政执法的工商行政管理部门，应利用网络和信息技术建立与电子商务的运行环环相扣、紧密相连的监督管理平台，维护正常的市场经营秩序。同时，建立电子政务平台绝不仅是将传统的业务简单地采用计算机操作，而是要适应经济全球化的形势，对传统的管理观念进行更新，对传统的管理措施、手段、流程采用现代化的信息技术进行改造和重新整合。

6.3.1 网上工商系统的发展背景

我国网上服务缺乏统一的标准，造成应用系统的重复建设；各政府部门的应用服务系统基于异构的平台和系统，缺乏互联、互通和互操作性；应用服务系统没有充分体现为公众服务的思想，无法提供更高层次的决策支持；缺乏资源共享，无法与其他应用系统进行交互和提供政务协作、"一站式"服务；缺乏底层的信息安全支撑。

鉴于我国政府的信息化基础和现有的应用需求，"一站式"电子政务服务框架下的网上工商系统应基于信任与授权服务平台，基于可信 Web Service 技术，基于"一站式"服务框架，面向社会公众，面向决策支持，提供"一站式"服务，它应定义和实现网上工商系统的专用业务服务构件，定义最小业务服务单元，供业务工作流程调用；在"一站式"服务框架下，通过通用业务构件运行业务工作流机制，实现典型的网上工商业务功能，如名称登记、企业登记和变更、网上商标广告管理业务、案件处理、市场登记管理；实现从网上工商服务系统软件到工商内部业务系统的资源整合和安全操作接口；实现从网上工商服务系统软件到银行、税务、法院、第三方公证系统等相关业务系统的资源整合。

"一站式"服务框架下的网上工商系统的建设将推动我国工商行政管理服务的巨大改进，消除工商管理部门与其他政府职能部门之间各自为政进行电子政务建设可能形成的条例之间的新的数字鸿沟和信息孤岛，使各级工商管理部门的监管能力上一个新的台阶，使之能够适应加入 WTO 后的变革，适应经济全球化的形势，改善工商管理部门对企业的服务。

6.3.2　网上工商系统的总体结构

"一站式"服务框架下的网上工商系统是政府网上业务的一部分，它具体通过统一的"一站式"服务框架实施和开展网上工商业务。它遵循统一入口、统一出口、统一界面的原则，在提供有效安全保障的基础上通过统一的"一站式"服务门户，从政务公开、网上办公、网上监督及网上数据资源共享等几个方面提供对外服务。

"一站式"服务框架下的网上工商系统不直接面对网上的各类社会公众，而是提供业务处理的基本服务单元，由"一站式"服务框架统一调度和管理，以统一的"一站式"门户向公众提供各项网上服务。网上工商系统技术方案设计的重点在于安全、有效地实现网上工商业务；合理划分、定义网上工商业务的服务单元；设定网上工商业务的流程调度关系。"一站式"服务框架下的网上工商系统的总体结构如图 6-3 所示。

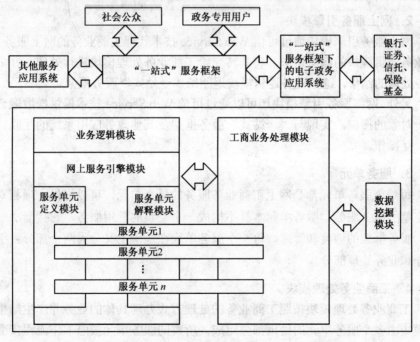

图 6-3　"一站式"服务框架下的网上工商系统的总体结构

　　"一站式"服务框架提供了针对社会公众和政务专用用户的直接交互界面，包括业务逻辑模块、工商业务处理模块等，整合了具体的政务应用系统，提供了"一站式"服务。

　　其他服务应用系统包括网上税务应用系统、财政财务统一结算管理系统及金融服务应用系统等具体的政务应用系统。这些服务应用系统通过"一站式"服务框架，在提供自身业务服务之外，与第三方应用系统互联、互通、互操作，面向社会公众和政务专网用户提供闭环式服务。

　　最终用户包括社会公众和政务专用用户。他们直接面对"一站式"服务框架，通过它随时随地、方便快捷地享受多种闭环式的政务服务。

6.3.3　网上工商系统的功能分析

　　"一站式"服务框架下的网上工商系统的基本功能包括以下核心模块：业务逻辑模块、网上服务引擎模块、服务单元、工商业务处理模块等。

1. 业务逻辑模块

　　业务逻辑模块通过对自身的业务功能进行申明，接受"一站式"服务框架的统一调度，进行政务协作或单独的工商业务处理。

2. 网上服务引擎模块

　　网上服务引擎模块通过可信 Web Service 技术代理工商业务的网上服务，接受业务逻辑模块的服务请求，将其转交给工商业务处理模块进行处理，并采集业务处理的结果，通过业务逻辑模块返回给"一站式"服务框架。

　　另外，网络服务引擎模块还可以通过可信 Web Service 技术提供松散融合的基于对象的接口，实现与"一站式"服务框架及其他政务应用系统的互联、互通、互操作。

3. 服务单元

　　每一个服务单元都是网上工商业务服务的最小单元，可以提供一项相对独立完整的网上服务。服务单元本身不构成一个完整的应用服务，它接受"一站式"服务框架的调度和管理。每一个服务单元在逻辑上又分为两个部分：引擎部分和业务处理部分。

4. 工商业务处理模块

　　工商业务处理模块按照工商业务的处理方式办理具体的业务并产生结果。该模块由多个服务单元的处理部分组成。所有的服务单元按照工作流程接受组合和调度。具体的工商业务功能如名称登记、网上年检等需通过调用多个服务单元，按照工作流程进行实现。服务单元及业务流程调度关系经注册后，由"一站式"服务框架进行统一调度，并根据预先定义好的流程关系与调用关系实现网上工商系统与其他系统之间的信息资源共享，共同完成对社会公众及政务专用用户的闭环式服务。

5．与其他相关应用系统的关联

网上工商系统通过可信的 Web Service 技术和其他的应用系统进行互联、互通、互操作，与金融服务应用系统及其他金融服务机构（包括银行、证券、信托、保险等）同为用户提供以事件为驱动的"一站式"服务。

6.3.4　网上工商系统的设计

工商行政管理机关是国家市场监督管理和有关行政执法的职能主管部门，承担着确认市场主体资格、规范市场交易行为、制止不正当竞争、维护生产者和消费者合法权益等重要职责。

网上工商系统采用构件化的方式来设计传统的工商业务，并且由具体的功能模块通过众多的服务单元来完成。

"一站式"服务框架下的网上工商应用系统的典型业务处理流程包括：企业名称登记业务处理流程、企业开业（变更）登记业务处理流程、案件业务处理流程和消费者投诉（举报）业务处理流程等。

"一站式"服务框架下的网上工商流程具体为：最终用户通过身份证书和客户端软件登录"一站式"服务框架所在的网站，进行人机交互，提出政务服务请求；"一站式"服务框架根据政务服务请求，进行系统调度；工作流引擎对具体政务应用系统进行调度，面对最终用户提供闭环式政务服务；网上工商系统面对"一站式"服务框架请求，再调用工商业务处理系统，完成业务处理，通过业务逻辑模块将处理结果和相关数据返还给"一站式"服务框架。例如，当网上工商业务涉及金融服务系统（包括银行）时，通过"一站式"服务框架调用其下面的金融应用系统，可整合金融服务资源，全面提供用户所需。

① 企业名称登记业务处理流程分析。

一般情况下，企业在名称登记前，首先要向工商行政管理机关进行名称咨询。经过名称咨询，能够对企业在选择名称方面进行指导，使企业明确名称申请的规定、选择合适的名称字号，引导企业选择既不违反有关名称规定又不与已经核准的企业名称或同行业内字号相同的名称重名。在经过工商部门的名称受理初审和审核之后，工商部门相应地向申请企业发送《名称核准通知书》或者《名称驳回通知书》、企业名称登记业务的处理流程。

② 企业开业（变更）登记业务处理流程分析。

在企业的开业（变更）登记中，根据法律、行政法规规定，设立企业必须报经工商管理部门的审批。企业开业（变更）登记业务处理流程主要为：企业向工商行政管理部门进行企业登记咨询，工商部门对企业登记进行受理和审核，最终颁发营业执照等。

③ 案件业务处理流程分析。

工商管理部门提供"一站式"服务框架，可与银行的业务系统进行数据交互，实现案件的网上处理。案件业务处理流程图如图 6-4 所示。在处理过程中，网上工商系统调用金融服务应用系统，连接金融服务系统提供银行、证券和保险等服务。

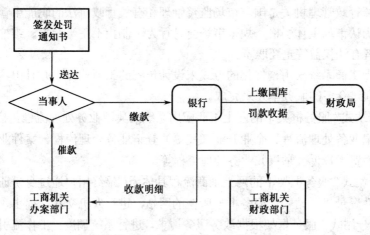

图 6-4　案件业务处理流程图

④ 消费者投诉（举报）业务处理流程分析。

当消费者在消费过程中遇到问题时，可以向 12315 投诉中心进行投诉（举报）。12315 投诉中心接到消费者的投诉（举报）后，会对投诉（举报）情况进行登记，并决定是否受理。不予受理的，发不予受理通知书；予以受理的，发受理通知书，并根据投诉、举报的具体情况，将投诉（举报）件分派到消费者协会、工商行政管理机关的有关部门或政府有关部门、行业协会、工商企业。接到投诉（举报）件的各个部门再根据投诉、举报情况进行消费者申诉、举报的具体处理。处理单位将处理情况反馈给投诉中心，投诉中心根据处理单位的处理反馈信息，综合消费者对处理满意程度的反馈进行总结归档。消费者投诉（举报）业务处理流程图如图 6-5 所示。

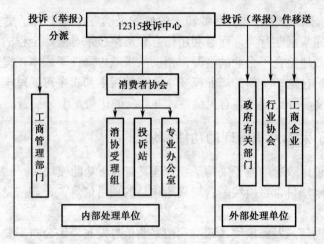

图 6-5　消费者投诉（举报）业务处理流程图

6.4　电子采购

政府电子采购是指通过互联网向全球范围发布政府要采购的商品和服务的相关信息，为国内外企业（特别是中小企业）提供平等的参与到政府采购中来的机会。它具体包括：网上提交采购需求、网上确认采购资金和采购方式、网上发布采购信息、接受供应商网上竞标报价、网上开标定标、网上公布采购结果及网上办理结算手续等。例如，浙江政府采购网站（http://www.zjzfcg.gov.cn/new/，如图 6-6 所示），该网站给企业提供了采购公告、政策法规、采购资讯、采购知识、客户服务、办事指南及在线查询等相关信息。

图 6-6　浙江政府采购网站图

电子采购比一般的电子商务和一般性的采购在本质上有了更多的概念延伸，它不仅完成采购行为，而且利用信息和网络技术对采购全程的各个环节进行管理，有效地整合了企业的资源，帮助供求双方降低了成本，提高了企业的核心竞争力。在这一全新的商业模式下，随着买主和卖主可通过电子网络进行联系，商业交易开始变得具有无缝性，其自身的优势是十分显著的。

6.4.1 电子采购系统管理的功能模块

一般来说，政府的电子采购系统管理具有如下功能模块。

（1）采购项目管理模块，管理采购项目的项目信息、采购信息、采购产品规格要求等。

（2）采购信息发布模块，政府利用采购信息发布模块公布需要公开招标的采购项目的信息，使相关单位能够查询到采购物品和劳务等信息。同时，供应商也可以在网上发布自己的产品，方便采购单位网上询价。

（3）政府采购订单管理模块，对采购过程的文档资料，如采购申请、合同文档资料、验收报告生成、支付申请等进行管理。

（4）政府采购审计监督模块，对采购的各个环节进行审计，保证采购的公平、公正、公开。

6.4.2 电子采购业务流程

一般来说，政府电子采购业务流程（如图6-7所示）包括以下步骤。

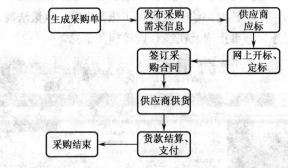

图6-7 电子采购业务流程图

（1）生成采购单。当基层政府机构和公共部门等采购需求单位需要购买车辆、计算机等办公用品时，可通过局域网连接基层政府机构和公共部门并向财政部门提出采购申请，说明购买数量、理由，并报批采购资金。与此同时，他们利用采购中心授权使用的政府采购网站专用密码，在网上填写《政府采购登记表》

电子表单；财政部门负责将资金审批意见填到《政府采购登记表》电子表单中。最后，基层政府机构和公共部门生成完整的政府采购单。

（2）发布采购需求信息。政府采购中心通过政府采购网站发布所需购买产品的有关信息，欢迎企业前来投标。网上政府采购公告包括采购项目序号、货物名称、规格、技术要求、单位、数量、货物基本用途、产地、交货期、交货地点、投标截止时间和备注等内容。同时，为了让更多的供应商参与竞标，采购中心除了在网上发布采购公告外，还可以对感兴趣的企业发出电子邮件，或通过手机短信等形式通知已经注册的供应商会员，邀请其前来投标。例如浙江政府采购发布的采购公告，该采购公告把浙江省政府有关采购的详细需求提供给供应商企业，以便各个企业有公平的机会参与投标。

（3）供应商应标。供应商会员获得采购需求信息后，其中有意投标的企业需要取得数量、价格、规格等数据和产品性能、优势等文字说明，并通过供应商网上加密应标软件系统，按采购公告的要求填写应标内容，其中包括采购序号、所投设备、推荐配置、报价、地产、交货期、交货地点、备注、供应商商号和密码等，最后将上述内容报送到政府采购中心。

（4）网上开标、定标。政府采购中心按采购公告规定的时间，以专用密码登录网页，进行网上开标，被初选中的招标企业通过互联网同时向该政府部门公开竞价，即多次报价，由政府有关人员在网上接收报价，并根据《中华人民共和国政府采购法》、《中华人民共和国招标投标法》等规定的定标原则，确定中标供应商和中标价格，并在网上公布中标结果。

（5）签订采购合同。确定中标单位后，政府采购中心发出中标通知书，采购单位与中标供应商依据中标结果和网上采购约定条款，通过 EDI 技术订立电子合同。

（6）供应商供货。数字签名生效后，就可由供应商负责与需要产品的基层部门所在地的分销处联系，凭经过政府采购中心签证后的合同向采购单位供货，实现产品的配送，并提供与之配套的售后服务，采购单位验收合格后出具验收报告。

（7）货款结算、支付。采购单位验收合格后，政府采购中心依据相关手续向财政部门申请拨款，财政拨款到达政府采购资金专用账户后，政府采购中心凭供应商送达的采购合同、发票复印件、验收报告等材料，办理结算手续，由政府通过网上银行的电子支付系统向供应商划拨款项，整个政府采购行为完毕。

通过上面的电子采购业务流程可以看出，电子招标不仅是技术上的改变，更重要的是采购过程的优化，大量节省了工作时间和精力，提高了采购效率，降低了企业的交易成本，节省了政府的采购成本。

6.5　电子税务系统

6.5.1　电子税务的定义

　　税收是国家财政收入的主要来源，税务部门的职责就是降低征税成本、防止税源流失、方便企业纳税。电子税务在很多国家都被视为电子政务应用的优先项目。通过政府电子税务系统，公众可以足不出户地完成税务登记、税务申报、税款划拨等业务，并可查询税收公报、税收政策法规等事宜。这样，既方便了公众，也减少了政府的开支。

　　电子税务是指税务机关利用信息与网络技术，建立起虚拟的网上办税服务机构，完成传统税务局税款征收管理和税务服务的各项职能，并为纳税人提供更加方便、快捷、安全的服务。例如，上海财税网（http://www.csj.sh.gov.cn/gb/csj/index.html，如图 6-8 所示），该网站包含信息动态、政务分开、网上办事、财税公告、财税法规、咨询服务及财税文化七大功能模块。

图 6-8　上海财税网站图

6.5.2　电子税务的主要形式

　　目前，已经出现的电子税务主要有电子报税、电子稽查和税收电子化服务三种形式。

1. 电子报税

电子报税是电子税务的核心内容，包括电子申报和电子结算（即电子纳税）

两个环节。

电子申报的主要形式是网络远程报税，指纳税人利用各自的计算机或电话机等相关的报税工具，通过互联网、电话网、分组交换网或 DDN 网等通信网络，登录税务机关虚拟报税机构，依托远程电子申报软件，直接将申报资料发送给税务机关，从而使纳税人不必到税务部门窗口，在网上即可以完成纳税申报的全过程。与传统的人工申报方式相比，电子申报通过先进的网络技术的应用，实现了纳税人与税务机关间的电子信息交换，实现了申报的无纸化和远程化。对纳税人来说，电子申报实现了远程化，突破了时间与空间的限制，使纳税人可以方便、灵活、省时地完成税收申报工作；对税务机关来说，电子申报实现了无纸化，同时减少了税务申报数据录入所需的大量的人力和物力的消耗，又有效地减少了由于重复录入等原因造成的数据出错率，提高了税务信息的准确性。因此，电子申报具有明显的降低报税成本、提高报税效率、节省报税工作量等优势。

电子结算即电子纳税，是指纳税人、税务机关、银行和国库间根据纳税人的税票信息，直接划拨税款的过程，这一过程实现了纳税信息的交换和资金的转移，即税款收付的电子化，同时还实现了纳税过程的无纸化和远程化，使传统的纳税过程变得更加简单、高效，也降低了税收成本。电子结算由于采用现代网络技术，加快了纳税票据的传递速度，减少了税款在途滞留的环节和时间，从而可确保国家税款及时足额地入库。

电子报税的具体过程如下。

（1）网上税务登记。税务机关为企业提供唯一纳税登记标识和口令，企业在办税服务机构的网站进行税务登记注册。

（2）网上纳税申报。对纳税人实行"三自"，即自行计算税款、自行申报、自行纳税。

① 纳税人自行计算税款并填写《电子纳税申报表》，法人对其进行"数字签名"。

② 纳税人自行申报，纳税人利用税务机关提供的唯一电子税务代码，在法定的纳税期限内，通过网上向税务机关进行纳税申报，并将填写的《电子纳税申报表》等资料传给税务机关，由办税员对其进行"数字签名"。税务机关利用计算机自动对纳税人的网上纳税申报情况的真实性、准确性、逻辑性进行审核，并将审核意见在网上传送给纳税人。对审核无误的，同时填开《税收电子缴纳书》，一并传送给纳税人。

③ 纳税人自行纳税，纳税人根据税务机关的审核意见，或补充申报，或自行缴纳税款，履行纳税义务。

（3）网上税款征收。网上税款征收方式和国库结算方式都要开通电子货币纳税渠道。在电子商务环境下，利用电子货币代替传统的银行转账支票和现金支付等方式，可实行网上税款征收。除通过互联网报税外，还有电话报税和银行网络报税等形式。目前，基于互联网的税收在线服务已经成为各国建设的重点，可通过税务部门的门户网站向纳税人提供完整的税收服务。在税收在线服务方面，加拿大、美国、西班牙、丹麦、德国、爱尔兰和新加坡等国的发展最成功，已走在世界各国的前面。

下面具体举一个案例（上海财税网电子报税流程案例）以使读者对电子报税的理论知识有进一步的理解（http://www.csj.sh.gov.cn/gb/csj/wsbs/sw/userobject1ai15.html#ywlc）。

如图 6-9 所示为上海财税网电子报税的基本流程图。

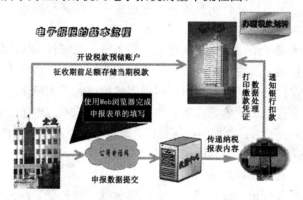

图 6-9　上海财税网电子报税的基本流程图

当今世界正逐步进入信息化时代，经济活动的超时空趋势对传统的经济运行方式开始形成挑战。从世界范围来看，社会经济各部门之间利用计算机和网络实现数据交换和信息共享已是大势所趋。电子报税正是顺应时代发展要求而推出的一项服务举措。

电子报税是指纳税人通过互联网，借助 Web 浏览技术填写纳税申报表格，并向特定的税务主管部门提交纳税申报资料的一种报税方法。简单地说，纳税人只要有一台带有 Web 浏览功能的计算机和一条普通电话线，通过 Web 页面的提示填写申报表格，就可以做到足不出户完成纳税申报。

1）电子申报申请流程

（1）纳税人要参加电子申报，应向主管税务机关受理部门提出申请，领取并填写《邮寄（电子）申报申请审批表》、《单位证书申请（更新）表》、《单位证书申请（更新）责任书》。

（2）纳税人向主管税务机关受理部门提交已填写完毕的表格，并附送以下文件：

① 组织机构代码证（副本）复印件一份；

② 企业营业执照（副本）复印件一份；

③ 操作人员的身份证复印件一份、办理 CA 证书及用户注册。

（3）纳税人根据主管税务机关受理部门的通知领取 CA 证书。

2）电子申报业务流程说明

仍以上海财税网为例，纳税户先通过互联网接入上海财税网电子申报网页，用合法用户名和口令登录电子申报服务器。其次选择填写相关申报表，填写完成后提交。然后电子申报服务器将纳税户提交的申报数据按不同的税务机关分组暂存。税务局端随机收取相关的分组数据并对数据进行处理。待数据处理完成后，税务机关将纳税人的纳税账号和相应的扣款数据发送给指定银行以用于扣除税款，并根据银行确认的扣款信息，以电子邮件的方式自动向相关纳税户发出电子邮件，告知其最后申报处理结果。

3）电子申报相关机构说明

税务机关：上海市财税直属分局、各区（县）税务分局受理各自业务管辖范围内纳税户提出的电子申报申请，负责接收和处理电子申报纳税户提交的申报数据，并通过协议扣款的形式直接从指定的税款预储账户中扣缴税款。

服务商：为电子报税服务提供有偿登录服务和技术支持，负责对合法用户提交的申报数据进行分组暂存，配合相应的税务机关按管辖范围收取申报数据。

银行：纳税人开设税款预储账户的有关商业银行。目前主要涉及中国农业银行上海市分行、中国工商银行上海市分行和中国建设银行及其各区支行相关营业部（所）。纳税人可以根据其主管税务机关的要求，到指定的银行办理税款预储账户的开户手续。

上海市电子商务安全证书管理中心有限公司：为电子申报纳税用户颁发 CA 数字证书，为征纳双方提供安全的第三方认证技术，防止网上申报数据被窃取、被篡改造成泄密或损失。CA 数字证书的申请由各主管税务机关受理。

2. 电子稽查

稽查工作是税务机关的一项重要任务，一般来说，税务稽查在传统方式下是指税务机关根据国家税法和财务会计制度的规定，对照纳税人的纳税申报表，发票领、用、存情况，各种财务账本和报表等信息来确认稽查对象并进行稽查。

税务稽查主要为了监督纳税人的经济行为，保证国家税款及时足额收缴。

实施电子稽查后，税务机关可通过互联网获取纳税人所属行业信息、货物和服务交易情况、银行资金流转情况、发票稽核情况及其关联企业情况等，以提高稽查的效率和准确性。另外，税务机关可以与网络银行资金结算中心、电子商务认证中心、工商行政管理部门及公安等部门联网，共同建筑起电子化的稽查监控网络，对税务稽查工作发挥重要的作用。

电子稽查的方式主要有以下几种：电子邮件形式的税务举报；向税务网站直接举报；准备必要的文书、熟悉相关政策规定，收集和了解稽查对象及相关行业的生产经营和财务状况等电子化稽查准备；网上公示典型案例。

3. 税收电子化服务

一直以来，各级税务机关都在努力为广大纳税人提供优质、高效的纳税服务。但在传统条件下，由于人力、财力、场地等方面的限制，税务机关向纳税人提供的服务品种、服务水平及服务便捷性等都有很大的局限性，离优质、高效的纳税服务要求有很大的距离。随着互联网的发展，国内很多已经建立专业网站的税务机关，都在致力于利用互联网监控这一信息交互工具，把电子化服务当做网站的基本应用。各级税务机关提供的电子化服务主要集中在以下几个方面：

（1）把税收政策法规、纳税资料、办税指南等内容发布到网站上，供纳税人随时随地查询；

（2）在网站上开设专门的咨询中心，针对纳税人提出的各种问询，为他们提供专业、系统、有针对性的服务；

（3）提供搜索引擎、资料下载、常见问题解答（FAQ）、网上查询、企业资信情况查询等服务。

 本章知识小结

本章主要介绍了 G2B 模式下的业务，包括公用信息发布系统、网上工商系统、电子采购及电子税务系统。G2B 模式旨在打通各政府部门的界限，实现业务相关部门在资源共享的基础上迅速快捷地为企业提供各种信息服务，精简工作流程，简化审批手续，提高办事效率，减轻企业负担，节约时间，为企业的生长和发展提供良好的环境。

案例分析

首都之窗网站分析

1. 首都之窗

北京市国家机关中心网站首都之窗是北京市电子政务的门户网站，包括中心网站和 147 家分站，分站主要包括市政府委办局和各区县的网站。首都之窗的中心网站（http://www.beijing.gov.cn/）由北京市政府主办（如图 6-10 所示），北京市信息化工作办公室承办。

图 6-10　首都之窗的中心网站图

2. 首都之窗网站的用户分析

首都之窗的中心网站引入电子分组（E-group）概念，将首都之窗潜在用户按市民、企业、投资者、旅游者、公务员五类进行分类，按用户的需求进行网站的信息构建，分别进行居民（G2R）服务、企业（G2B）服务、游客（G2T）服务、投资者（G2I）服务和公务员（G2E）服务，如图 6-11 所示。

3. 首都之窗网站的信息结构

目前首都之窗第五版网站的信息内容按照五大用户群分为四大模块，即政务公开 G2P、服务导航、民意征集和政务网站导航，其具体信息结构如图 6-12 所示。从图 6-12 中可以看出，其重点内容为政务公开和服务导航。政务公开的主要内容是将有关法规、政府文件及有关经济、投资和生活、旅游的政府工作向社会公开；服务导航则分为居民服务、游客服务、企业服务、投资者服务和公务员服务五块。该网站面向用户群划分进行信息组织和提供相关服务的逻辑很清晰，让人一目了然。

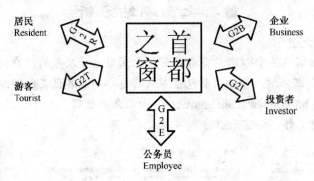

图 6-11　首都之窗的用户群

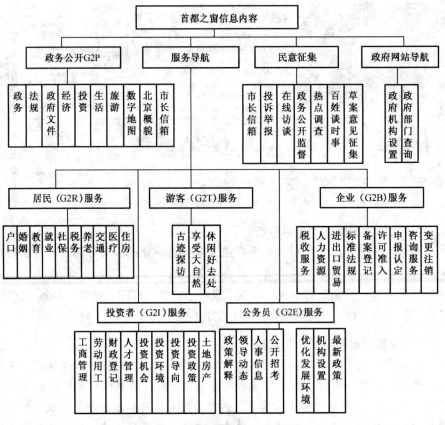

图 6-12　首都之窗网站的信息结构

思考题

1. 政府对企业服务的应用范围是什么？
2. "一站式"服务框架下的网上工商系统有哪些功能模块？
3. "一站式"服务框架下的企业名称登记业务处理流程是什么？
4. 电子税务的主要形式有哪些？
5. 电子采购相对传统采购有什么优势？
6. 电子采购系统管理包含哪些功能模块？
7. 电子采购业务流程的步骤是什么？

参 考 文 献

[1] 张国俊. 电子政务. 北京：电子工业出版社，2009.

[2] 白庆华. 电子政务教程. 上海：同济大学出版社，2009.

[3] 黄卫东，翟丹妮. 电子政务系统分析与设计. 北京：北京大学出版社，2006.

第⑦章

政府对公民服务的电子政务

本章内容:

G2C 的分类

电子化社会保障服务

电子化个性服务

电子化社会服务

7.1　G2C 的分类

G2C 是指政府对公民服务的电子政务,是发生在政府部门与各种社会团体及公民个人之间的行为,指政府通过电子网络系统、信息渠道及在线服务,为公民提供从出生到死亡,包括入学、就业、社会保障等整个人生阶段的、内容多样化的配套服务,将政府职能部门为人民大众的办公服务和信息服务公开化。根据服务对象侧重点不同,可把政府对公民的服务分为以下三大类。

1. 电子化社会保障服务

通过建立一个覆盖本地区甚至全国范围内的社会保障网络,可以使公民通过该网络迅速、全面地了解社会保障的政策法规,以及自己的养老、失业、工伤、医疗等社会保险账户的明细情况等社保相关信息,从而为公民提供全方位的社保服务。

2. 电子化个性服务

电子化个性服务是指政府机构根据公民的个性化需求,通过电子化方式为其提供政府相关服务,如个性化的教育、医疗、就业服务等。

3. 电子化社会服务

电子化社会服务是指政府部门利用互联网的交互功能,通过政府与社会公众的双向交流来达到电子民主管理的目的。例如,政府通过提供在线评论和意见反馈等服务,了解公民对政府有关部门和相关工作的意见。公民也可通过这一形式参与相关政策、法规的制定。又如政府把选举候选人的背景资料在网上公布,使选举人可以直接网上投票,从而可提高选举工作的效率和保证选举工作的公正、公平性。

7.2　电子化社会保障服务

在我国,电子化社会保障服务在近几年得到了很大的发展,并将逐渐成为政府工作的中心内容,因此,电子化社会保障服务必将成为电子政务的重要应用。政府可通过网络把各种社会福利,如困难家庭补助、军烈属抚恤和社会捐助等,运用电子资料交换、磁卡、智能卡等技术,直接支付给受益人。电子化社会保障系统,一方面可以增加社保工作的透明度,另一方面可以加快社会保障体系普及的进度。

电子化社会保障服务系统的基本内容如下。

（1）参保单位管理，包括单位登记、单位减少、单位合并转移等。

（2）在职员工管理，包括员工增加、员工减少、批量下岗/中断/恢复、缴费工资、历年账户录入等。

（3）离退休员工管理，包括离退休审批、离退休增加、离退休减少、离退休调资、直发人员管理、直发工资管理、退休账户记息等。

（4）基金征缴管理、收款管理。

（5）资金拨付管理。

（6）综合查询，包括单位查询、员工查询、增减人员查询、职工信息浏览、离退休人员浏览、供养人员浏览、离退休死亡人员浏览、基金征缴统计、基金拨付统计、直发养老查询、征缴支付对比、欠收欠拖统计、职工信息统计、退休信息统计、供养信息统计等。

社会保障服务系统的模块构成如图 7-1 所示。

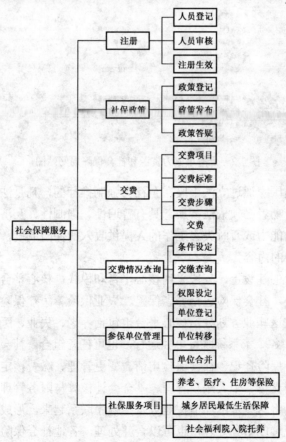

图 7-1　社会保障服务系统的模块构成

　　我国近年启动的"金保"工程是全国社会保障信息系统的总称。它不仅在劳动和社会保障的业务经办点提供经办服务，而且更广泛地利用网络环境来为公众提供公共服务，是政府电子政务工程的重要组成部分。例如，上海市人力资源和社会保障局的网站（http://www.12333sh.gov.cn/，如图7-2所示），通过该网站，市民可以输入本人身份证号码查询自己的养老保险、医疗保险和失业保险等各类社会保险的缴费和记账情况。在这个网站上，上海市还提供了表格下载、信访咨询、职业培训、职业技能鉴定等多项电子政务服务。

图 7-2　上海市人力资源和社会保障局网站图

　　社会保险是国家通过立法手段在全社会强制推行的，凡是法律规定范围内的用人单位和劳动者必须依法参加，具有普遍性、强制性、互济性及补偿性，旨在为丧失劳动能力或暂时失去工作的人提供收入的保险制度，是保障体系中最基本、最核心的内容。

　　在信息系统的建设上，一般采用核心平台和模式，核心平台是整个社会保险大系统的核心。社会保险包括养老保险、失业保险、医疗保险、工伤保险、生育保险等，按这些业务划分，核心平台也包括养老、失业、医疗、工伤、生育5个子系统，各个子系统既可单独运行，也可任意组合。社会保险业务的基本环节包括社会保险登记、社会保险申请、变更管理、缴费核定、费用征集、费用审核、费用支付、个人账户管理、基金会计核算与财务管理等。核心平台的业务流程设计将这些基本环节按业务发生顺序联系起来，形成完整的业务流程，而各险种既可以单独处理，也可以合并处理。各地社会保险经办机构还可以根据自身的情况对流程进行调整，从而增强其适应性，实现由管制和审批到服务的转变，方便服务对象，提高服务质量和效率，增加透明度。

通过建立电子社会保险网络，公民可以及时了解自己的养老、失业、医疗、工伤、生育等社会保险账户的明细情况，既增加了政府办事的透明度，又可方便公民通过网络直接办理有关的社会保险理赔手续。例如，上海市人力资源和社会保障局网站上的"网上办事→个人办事"页面上的社会保险模块，它提供了个人账户查询、个人查询综合保险缴费记录、社保个人信息更改、个人独立缴费账户启封及个人独立缴费账户转出五大功能。

7.3　电子化个性服务

电子化个性服务是指政府根据公民个人的个性化需求，通过电子化方式为其提供的相关服务。例如，政府通过公民关系管理系统（Citizen Relationship Management，CRM）为公民个人提供个性化的教育、医疗、就业服务等。

7.3.1　电子化教育培训服务

社会主义市场经济的发展及科学技术的迅猛发展使得公民对教学、培训的需求不断上升，越来越多的人认识到"终身学习"的重要性。但由于受到各种条件的限制，满足公民学习、培训的需求难度很大，对边远地区的公民来说困难尤其显著。利用网络手段为广大老百姓提供灵活、方便、低成本的教育培训服务，不仅是增强我国公民素质的有效途径，也是改善政府服务的重要内容。政府可以建立全国性的教育平台，并资助所有的学校和图书馆接入互联网和政府教育平台；可先出资购买教育资源，然后将其提供给学校和学生；重点加强对信息技术能力的教育和培训，以适应信息时代的挑战。

在提供电子教育与服务方面，政府可从以下三个方面入手：出资建立全国性的教育平台，资助相应的教学、科研机构、图书馆接入互联网和政府教育平台；出资开发高水平的教育资源并向社会开放；资助边远、贫困地区信息技术的应用，逐步消除落后地区与发达地区之间业已存在的"数字鸿沟"。例如，上海市人力资源和社会保障局网站上和"网上办事→个人办事"页面上有一个职业培训模块，该模块提供了颁发国家职业资格证书个人鉴定、政府补贴培训报名、职业资格证书分数查询、职业资格证书查询及政府补贴培训清单查询五大功能模块[①]。

---

① 编者注：现在的上海市人力资源和社会保障局网站上的内容有所变更，实际内容以网站为主。

7.3.2　电子化医疗服务

为公众提供优质高效的公共医疗服务，是政府必须承担的职责。长期以来公民普遍感到我国的医疗服务不尽如人意，医疗体制的改革还远未到位。而网络技术的发展在改善我国政府的医疗服务方面发挥了重要作用。电子化医疗服务就是医疗行政管理部门医疗管理和服务的电子化、网络化、信息化。通过运用先进的信息技术等手段，优化医疗管理和服务的流程，可提高医疗服务的效率和质量。

政府医疗主管部门可以通过网络向当地居民提供医疗资源的分布情况、医疗保险政策信息、医药信息、执业医生信息，以及全面的医疗服务。公民可通过网络查询自己的医疗保险个人账户余额和当地公共医疗账户的情况；查询国家新审批的药品的成分、功效、试验数据、使用方法及其他详细数据，提高自我保健的能力；查询当地医院的级别和职业医师的资格情况，选择合适的医生和医院等。电子化医疗服务既可以使患者更加方便地享受到优质的医疗服务，又可有效地促进当地医疗卫生事业的发展。例如，上海市人力资源和社会保障局网站上的"网上办事→个人办事"页面上的医疗保险模块，该模块提供了民办医疗机构情况上报、办理单位集中申报、医保定点医疗机构变更、医保定点零售药店变更及医保经办机构业务协作五大功能模块①。

7.3.3　公民就业服务

提供就业服务是政府的基本职能之一，也是维护社会稳定和促进经济增长的重要条件。政府可充分利用网络这一手段在求职者和用人单位之间架起一座服务的桥梁，使传统的、在特定时间和特定地点举行的人才和劳动力的交流突破时间和空间的限制，做到随时随地都可使用人单位发布用人信息、调用相关资料，使应聘者可以通过网络发送个人资料，接收用人单位的相关信息，并可直接通过网络办妥相关手续。

公民就业服务系统的基本功能是通过电话、互联网或其他媒体向公民提供工作机会和就业培训，促进就业，如开设网上人才市场或劳务市场，提供与就业有关的工作职位缺口数据库和求职数据库信息，在就业管理的劳动部门所在地或其他公共场所建立网站入口，为没有计算机的公民提供接入互联网寻找工作职位的机会，为求职者提供网上就业培训，就业形势分析，就业方向指导。

---

① 编者注：现在的上海市人力资源和社会保障局网站上的内容有所变更，实际内容以网站为主。

公民就业服务系统模块的组成如图 7-3 所示。

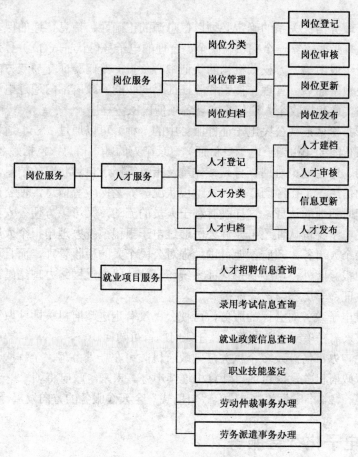

图 7-3　公民就业服务系统模块的组成

例如，上海市人力资源和社会保障局网站上的"网上办事→个人办事"页面上的就业服务模块和职业见习模块为公民提供了求职和见习的各种途径（如图 7-4 所示）。

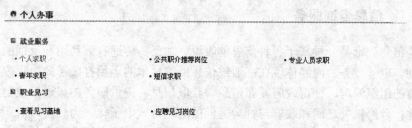

图 7-4　上海市人力资源和社会保障局网站的就业服务模块图

7.3.4　公民电子证件服务

电子政务信任关系的确定必须以信息源的正确性、信息传递的保真性为前提，因此有必要建立一个完整、安全、合理的电子身份认证（CA）体系。电子身份认证一般由第三方权威机构的认证中心负责，专门验证交易双方的身份，具有颁发数字证书、管理、搜索和验证证书的职能。政府部门通过电子身份认证的网络传送和接收个人通信来实现各项便民服务程序。

电子身份认证（公民电子证件服务中的一种）可以通过"一卡通"实现，即用一张智能卡（相当于电子身份证）记录个人的基本信息，包括姓名、性别、出生时间、出生地、血型、身高、体重及指纹等属于自然状况的信息，也可记录个人的信用、工作经历、收入及纳税状况、养老保险等信息，使公民的身份能得到随时随地的认证，这样既有利于人员的流动，又可以方便公安部门的管理。公民电子身份认证还可允许公民通过电子报税系统办理申报个人所得税、财产税等个人事务，政府不但可以加强对公民个人的税收管理，而且可方便个人纳税申报。此外，电子身份认证系统还可使公民通过网络办理结婚证、离婚证、出生证、学历和财产公证等。

通过电子政务对公民的服务，可使公民没有走进政府机关即获取丰富的信息；公民只需在单一机关办事，且任何问题皆可随问随答，所办事情立等可取；如果公民申办事情涉及多个机关，则政府机关可在一处办理，全程服务；公民无须进入政府机关，即可通过计算机连续申办。未来，政府将朝"单一窗口"、"跨机关"、"24 小时"、"365 日"、"自助式"全天候服务的方向发展。

7.4　电子化社会服务

电子化社会服务是指通过政务信息资源全方位共享来满足公民需求，完成公民各种任务的过程。电子化社会服务的基本内容包括信息咨询服务和网上行政审批服务。

7.4.1　信息咨询服务

信息咨询是一种基于各种信息的收集、加工、传递有效利用和反馈的业务活动。电子政务的内涵体现在：通过信息网络技术的运用打破了政府行政机关原有的组织鸿沟，使得政府发布信息、获取信息、提供服务的渠道手段更加多样化；政府机关之间和政府与社会之间的沟通方式电子化，为转变政府职能，全天候地服务社会、服务公众提供技术支持，并且可使市民有更大的自主权来选择服务、与政府对话和提出参政议政的意见。为此，电子政务应以需求为导向，以应用促发展，通过积极推广和应用信息技术，增强政府工作的科学性、协调性和民主性，全面提高依法行政能力，加快建设廉洁、高效、勤政、务实的政府，促进国民经济持续快速健康发展和社会全面进步。

信息咨询服务主要应用于以下 8 项政务工作：

（1）公布经批准实施的本行政区域的社会经济发展战略、发展计划、城市规划、工作目标及其实施情况；

（2）公布公务员录用程序、结果；

（3）公布法律、法规、规章规定的应当公开的其他政府信息发展情况；

（4）公布行政区域内公用事业和公益事业的投资、建设情况，以及重大基本建设项目投招标、建设情况，包括城市供水、工期、供电管网的建设与改进、防洪设施、城市污水处理工程、垃圾处理工程、城市交通建设工程、城市绿化工程和社会公益福利事业项目的建设；

（5）公布城市规划的实施情况，包括法定地图范围内的土地使用权出让情况、建筑总量、建筑密度和高度；

（6）公布重大突发事件、重大突发事件的披露及其完成情况；

（7）公布政府各个组成部门、直属机构和办事机构的设置、重要职能及调整变化情况，

（8）公布政府领导成员履历、分工及调整变化情况，尤其是信访、检查部门及行政复议机构的办公地点和通信方式等。

7.4.2　网上行政审批服务

网上行政审批系统是指通过网络平台技术，集成办公自动化系统，在统一标准的前提下，将各个部门实行的工作流程进行简化与优化后转移到网上，按照预先设定的工作流程和条件，构建一个连接协调各个办事部门的统一的信息平台，建立政府与社会公众之间网上办事的通道，按照方便公民的原则实现网上行政咨询、查询、申请等政府各部门的业务功能，并实现"一网式"的流程整合、"一表式"的数据共享，成为真正的网上办公、办事的在线服务平台。通过网上行政审批系统，社会公众可以随时随地地了解网上行政审批的程序、审批的状态及审批的结果等。例如，从上海市人力资源和社会保障局网站（http://www.12333sh.gov.cn/200912333/2009wsbs/xz/index.shtml）的网上办事的行政审批事项中（如图 7-5 所示）可以看到各种事项的审批，如人才引进直接落户审批、外国人就业证审批等。

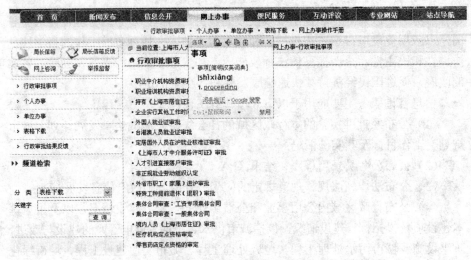

图 7-5　上海市人力资源和社会保障局网站的行政审批事项

网上审批的具体流程（如图 7-6 所示）如下。

（1）申请人进入公证部门网站，了解所需要的材料，仔细阅读并填写有关《公证申请表》，并将办理该项目公证所要求的材料扫描后通过电子邮件或传真机发给相应的公证处，并留下申请人的通信电话和电子邮件。

（2）如果申请人提交的证明材料不足，受理公证处承办公证员会及时与公民联系，请公民补交有关材料。

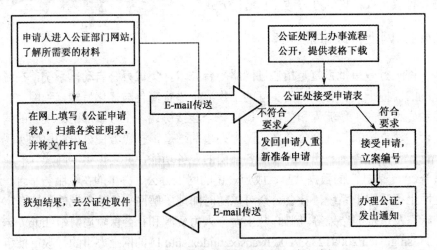

图 7-6　网上公证申办（网上审批的一种）过程

（3）公证处接受申请材料后审核资料，如果不符合要求则发回申请人重新准备申请，合格则受理申请人的网上申办公证，给申请人立案、编号并办理。办理完成后，会通知申请人领取公证书，申请人在领取时必须提供有关材料的原件和照片。

（4）公证处在核对原件时，如果有疑问，则办证时间会相应延长。

本章知识小结

本章在将 G2C 分为三类的基础上分别介绍了电子化社会保障服务、电子化个性服务及电子化社会服务。本章重点介绍了电子化个性服务，电子化个性服务是指政府根据公民的个性化需求，通过电子化方式为其提供的相关服务，如政府通过公民关系管理系统（Citizen Relationship Management，CRM）为公民提供个性化的教育、医疗、就业服务等。

案例分析

医疗交通服务案例——支付宝涉足电子政务（G2C）

1. 基本情况

2008 年，湖州市公路稽征处推出养路费缴纳新方式，车主可以通过支付宝在线缴纳养路费。另外，广东韶关市民在互联网上办理参加城镇居民基本医疗保险手续时，可以使用支付宝进行网上缴费。

2. 反映的问题

支付宝用于在线缴纳医疗保险和养路费等公共事业型费用，成为中国第三方支付服务商进入 G2C 电子政务领域的初试者，这不仅有助于提高行政事业单位的运营效率，也扩展了第三方支付服务商的收入范围，成为双方共赢的一次合作。

电子政务在我国已有多年发展，涉及个人、企业、单位团体等的行政事业性缴费亟待通过电子化方式有效改进，特别是个人缴费领域。支付宝等第三方支付服务商与网上银行相比的优势在于其可以直接支持多家银行储户的使用，且易于系统接入；而支付宝在第三方支付市场中拥有最大的个人用户规模也是其优势（与其他服务商相比较），有利于开拓新的市场。

使用支付宝在线缴费能够提高行政事业单位的运营效率，改善缴费者的体验，但短期内仍难有规模性的应用，主要有以下三个方面的阻碍因素。

（1）支付宝的用户规模仍不足。在第三方支付市场中，支付宝的超过6千万的个人用户规模显示出其有较大领先优势，但与整个中国人口相比较，其所占比例仍不足 5%，占网民的比重也不足 30%。也就是说，支付宝在行政事业性缴费领域的应用目前会受到支付宝在人口中渗透率较低的影响。

（2）用户需求有限。在支付宝已进入的行政事业性缴费领域，用户缴费频次较低，难以形成对在线缴费的强烈需求。

（3）行政事业性缴费不能完全电子化。目前支付宝的在线支付仅解决了缴费资金转移的问题，各种纸质凭证及相应开通和后续手续仍需通过传统渠道办理，即使邮寄也仍需个人承担一定费用。行政事业性缴费不能完全线上化和电子化也成为用户使用支付宝在线缴费的阻碍因素。

上述阻碍因素难以在短时间里得到明显改善，因此第三方支付在电子政务领域的应用仍有待有关部门和第三方支付服务商共同推动。

 思考题

1. 公众需要什么样的电子政务？
2. 电子政务体系包括哪些方面？
3. 电子政务按服务对象不同可以分成哪几类？
4. 讨论支付宝涉足电子政务（G2C）案例中存在的阻碍因素问题，应该如何解决？

参 考 文 献

[1] 苏新宁. 电子政务理论. 北京：国防工业出版社，2003.

[2] 黄卫东，瞿丹妮. 电子政务系统分析与设计. 北京：北京大学出版社，2006.

[3] 曾伟，蒲明强. 公共部门电子政务. 武汉：中国地质大学出版社，2009.

[4] 电子政务与政府管理创新. eNet 论坛中国科技信息研究所，2005（15）.

[5] 白庆华. 电子政务教程. 上海：同济大学出版社，2009.

[6] 探索电子政务领域信息咨询服务的新路. 烟台市综合信息中心，www.yantai.gov.cn.

第 8 章

网络舆情管理

本章内容：
网络舆情的定义
网络舆情的传播法则
网络舆情的管理

8.1　网络舆情时代的到来

互联网为公众提供了一个能及时、互动地表达意见，参与经济社会及政治生活的方便、快捷的平台，更为舆情的形成与传播提供了一个新的空间。

8.1.1　网络舆情的定义

给网络舆情下定义前，首先要探讨舆情的定义，国内外不少学者都对舆情有着自己的见解和主张。我国著名新闻学者甘惜分在《新闻理论基础》中指出"舆情是社会生活中经济、政治地位基本相近的人们或者社会集团对某一事态的大体相近的看法"。也就是说，舆情是一种社会思潮，人们窃窃私语或公开议论，或发表文章，对某件事表示支持或反对。这就是舆情，也就是所谓的民意。

新闻学著名学者陈力丹认为：舆情是公众关于现实社会及社会中的各种现象、问题所表达的信念、态度、意见和情绪表现的总和，具有一致性、强烈程度和持续性，对社会发展及有关事态的进程产生影响。其中混杂着理智和非理智的成分。

在中国，网络舆情主要由网络中的媒体言论与论坛及新闻跟帖共同反映与形成，因为它们可以迅速而集中地反映公众的意见和言论，使民间舆情或民意得以展现。当焦点事态出现后，互联网上的公众首先通过新闻的回帖、论坛、电子邮件、聊天室、个人网页/站、博客、微博等多种网络传播形式，发表自己对于此焦点事态的带有倾向性的意见，再通过网络独有的"意见公开市场"的特点展开讨论，进行意见的交锋和碰撞、认同与融合，最后获得大体一致的意见，并对焦点事态产生一定的影响，网络舆情也就随之形成了。

综合舆情定义和网络舆情表达形式及特点，本书给网络舆情下的定义为：网络舆情就是指以网络作为传播手段而形成的舆情，是传统社会舆情的延伸和发展。它也是公众（指网民）以网络为平台，通过网络语言或其他方式对某些公共事务发表意见的特殊舆情形式。

8.1.2　网络舆情的特点

网络舆情虽然是一种在新型媒体上传播的舆情，但它也是舆情的一种形式，也具备传统舆情所具有的特征，如公开性、公共性、急迫性、广泛性和评价性等。此外，网络舆情也具备了与传统媒体舆情不同的个性特征，主要表现为以下几个方面。

1. 隐匿性

网络的虚拟性使得网络舆情主体具有隐匿性特征。在现实社会中，人们的身份和角色往往是公开的、真实的，并受到他人、法规等各方面的监督和制约。而网络是一个平等、开放、自由、虚拟的空间，相对现实社会来说，网络就是一个虚拟的社会。每一个网络用户都可以在这个虚拟的社会里以自己所设计的任何一种身份出现，都可以在这个虚拟社会里扮演自己喜爱或需要的角色。网络舆情主体的隐匿性，使得人们可以在这个承载着海量信息的空间里更加大胆、自由地发表意见和评论，而不会担心因为发表了某些言论而另生事端，甚至受到威胁。

2. 分散性

网络的开放性使得网络舆情的主体具有分散性的特征。互联网出现以前，由于地域、种族、交通等条件的限制，人们往往只能在特定的环境里获取信息和沟通交流，传统的传播方式也很难打破这种空间的限制。因此，形成一定社会舆情的主体往往是聚集在特定文化圈里，具有相同风俗习惯的人们。但是当网络出现以后，完全打破了传统的传播方式，其传播的空间不分地域，没有疆界，为人们最广泛的参与提供了技术上的支持。在网络空间里发表言论、形成舆情的主体，在现实社会里可能遍布全国，甚至是遍布全球。各个地方、阶层、行业，各种信仰、肤色、党派的人们都可以成为网络舆情的主体，因此，网络舆情的主体在现实社会是非常分散的。

3. 丰富性

网络舆情的丰富性是指网络舆情内容几乎无所不包、无所不及。由于网络承载着海量的信息和"把关人"力量在网络信息传播中的削弱，所以与社会传统舆情相比，网络舆情的内容要丰富得多。受到一些客观条件的限制，传统媒介的信息承载量是有限的，如报纸的版数和每个版面所能容纳的字数都是有限的；广播和电视在传播信息时也只能在一定时间内播出固定的内容。网络则不然，它有着巨大的储存和再现功能，不受版面和时段等条件的限制，可以快速地汇总和整合信息。另外，对有形的传统媒体的信息过滤较容易的"把关人"，在面对网络这个高度开放且虚拟的信息空间时，其力量也被削弱了。综上所述，网络成为自由发挥的空间，各种文化类型、思想意识、价值观念等都可以找到"生存的土壤"。网络舆情形成的信息来源各式各样，其中存在着很多良莠不齐的现象，因此，网络舆情也就自然而然地变得丰富起来。

4. 复杂性

网络舆情内容的复杂性是指网络舆情混乱无序、缺乏理性，潜在权威性与评判性不足。由于网络媒体"把关人"作用的削弱和网络的虚拟性等原因，隐匿的网络舆情主体在网上发表意见和评论时，很多时候是出于自我的即时感想，而缺少理性的思考。而且网络舆情的方向存在着多变性，对于网络新闻中传递出的同一个事件会出现多种不同版本的报道，网民在发表意见和评论时也会出现不同的倾向性；而随着事件报道的进一步深入，传递的信息更全面、更深入，网民的意见和评论也会随之发生改变。其实，就舆情本身来说，它应该有着对政治、道德、经济、社会、意识的潜在权威性与评判性，但网络舆情的复杂性特征却使它的潜在的权威性和评判性减弱。

5. 多元性

网络舆情的多元性是指网络舆情的意识形态呈多元化，西方渗透无处不在。每个国家、地区和民族，在其历史发展过程中，由于其自然条件、经济发展水平和政治制度等方面存在着差异，从而形成了各具特色的政治制度和意识形态。成功的意识形态能够起到让人们认同现行社会政治制度，维护社会和国家稳定的作用。过去，由于地理位置的自然屏障作用，交通和通信技术相对落后，传统媒体的"把关人"的存在，使得恶意的政治信息难以入侵。随着网络传播媒体的发展，数字化的信息网络可以把任何信息转化为二进制的数字语言，并从地球任何一个地方无限量地向另一个地方传输。因为互联网四通八达，天然地域屏障已不复存在，在互联网希望控制别人言论又不太现实，于是网络舆情的意识形态呈现多元化，且西方意识形态、政治制度、文化思想的渗透无处不在。

6. 冲突性

网络舆情的冲突性是指网络舆情的伦理相对主义强化和伦理基础准则的冲突。网络是个虚拟的公共空间，网民上网具有私密性，网民在网上说什么，做什么都可以随心所欲，在网上似乎没有警察，没有监督、没有制约，这就造成了"网络社会"伦理相对主义强化（"你想什么就是什么"或"怎么样都行"）。伦理基础准则有一定的地域性，但互联网却是全球范围内共享的，这就造成了在互联网上不同地域间的伦理基础准则相互冲突。例如，在某些国家和地区，道德上允许色情服务，则在网上提供色情服务和信息无可非议，而在另外的国家和地区，道德上不允许色情服务，因此在网上提供色情服务和信息是要受到强烈的谴责和反对的。另外，互联网的跨地域、跨国界的性质同政府权利的管辖范围（地理上）疆界的矛盾，使得一些在实体世界属于违反法规而应受到制裁的行为，一旦移到网络空间，由谁充当制裁主体及如何制裁便搞不清楚了。以上这些原因造成了网络舆情的伦理相对主义强化和伦理基础准则的冲突。

7．难控性

网络舆情的难控性是指在网络媒体上要对舆情进行控制是比较困难的。对于传统大众传播媒体的舆情控制并不难实施。各国政府通过规定大众传播体制，制定有关法律、法规和政策，分配传播资源，对创办新媒体进行审核登记，限制或禁止某些信息内容的传播等来规范大众传播。对传统新闻媒介来说，由于"把关人"的存在，舆情的控制是不难做到的。然而互联网是高度开放的空间，出于资源共享的需要，传播的多个信息出口都不受新闻出版部门的审批。在网络上匿名地发送邮件、参加 BBS 讨论都相当容易，电子邮件也极易被人截取、更改和伪造。网络媒体的开放性，理论上使每一个人都成为"新闻发布者"。对于数量庞大的互联网用户，对舆情生成阶段及传播的控制是很难把握的，因为不可能在"信息高速公路"上检查每一个言论，更不可能对其做出全面的评价，这就使得网络舆情控制变得复杂和难以操作。网络舆情的难控性是网络舆情个性中最重要的一个特征。网络舆情的其他特征，如丰富性、复杂性、多元性、冲突性等都是由难控性派生出来的。

8．快捷性

与传统社会舆情相比，网络舆情形成的过程更加快捷，传统媒介传播一则新闻，从媒介议程转向公众议程，即形成社会舆情时，需要很长一段时间。网络则大大缩短了这一时间。由于网络技术的优势和转帖的方便，网络新闻信息不仅发布速度快，而且传播的速度也十分惊人。同时，网络传递的信息具有实时更新的特点，当有新闻事件，特别是一则重大的新闻发生时，网络媒体都会在第一时间将其传递给民众，并予以及时追踪报道，捕捉最新动态。及时、动态的信息能够吸引更多人的目光、唤起更多人的参与。当新闻事件在网络上成为大家关注焦点的同时，也就迅速成为网络舆情的热点了。因此，一些重大新闻和热点问题在网上发布的仅仅几个小时内，网络舆情便开始沸腾了。

8.1.3　网络舆情的功能

网络舆情具有信息、导向、沟通、监督等多方面的功能，有些功能是显而易见的，而有些功能却是出人意料的。

1．信息功能

网络舆情可以给社会公众传达某种信息。透过网络舆情，公众可以了解这个世界到底发生了什么事情，所发生的事情对国家、民族和社会有什么影响，对自己又有什么影响，其影响的强度有多大，持续时间有多长。与此同时，政府还可以透过网络舆情了解网民对所发生的事情抱有何种态度，以及这种态度的强烈程度等。

值得一提的是，新闻界和娱乐界的从业人员比较注重利用网络舆情的信息功能，他们往往会借此宣传和包装自己，或是推介自己的作品。对他们而言，只要自己及其作品能成为公众谈论的对象，其知名度就会提升，就能吸引公众的眼球，随之而来的，其自身的价值就会倍增。网络舆情潜在的信息功能常常被人们所忽视，因而常常会出现一些出人意料的结果。例如，有些被人们看成丑闻的新闻，不但未使丑闻的主人利益受损，反使其价值倍增，这也从反面说明了网络舆情信息功能的强大作用。

2. 导向功能

孔子说："君子之德风，小人之德草，草上之风，必偃。"这强调了"君子之德"的重要导向作用，强调了社会风气对老百姓熏陶的重要性。中国的教育家们历来都很重视社会风气的熏陶和导向作用，强调要"易风俗，美教化"，强调统治者要像爱护自己的眼睛一样重视社会风气。

网络上也是如此，整体的风气对个体的成员具有一种潜在的、无形的影响。当网络论坛的某种网络舆情氛围形成以后，便会产生了一种明显的导向作用，它会对每个网民产生无形的影响：顺网络舆情而动则会得到其他网民的赞许和褒奖，在网络社区就能体会到一种认同感和归属感；逆网络舆情而动则会受到网民的抨击，在网络社区就有可能陷入孤立的状态。

3. 沟通功能

网络舆情的沟通功能体现在两个方面：一方面，从网络舆情的形成过程看，它是网民相互沟通、凝聚共识的结果。任何一种网络舆情的产生都需要经过网民的深度交流与沟通，只有在沟通中凝聚共识后，网络舆情才能达成；另一方面，从网络舆情传播扩散和发挥作用的过程来看，它也是网民之间、网民与网络舆情客体之间不断沟通的过程。面对网络舆情，不同的组织、不同的人群都会倍加关心，他们都要针对网络舆情表明自己的态度，协调并宣示自己的立场。尤其对网络舆情客体而言，在面对与自己利益攸关的网络舆情时，他们需要通过与网民的沟通来消除社会公众对自己的误解，平抑网民对自己的不满情绪；需要通过消除对自己不利的影响来形成对自己有利的网络舆情。

由此可见，网络舆情的产生和传播过程也是人们在网络空间相互沟通的过程，有时甚至是不同利益集团的博弈过程。在这个过程中，政府、企业、社会组织和社会公众之间，不同社会公众之间都会进行沟通与互动，都希望在这个过程中形成对自己有利的网络舆情。从这个意义上说，网络舆情也成了实现国家、组织与社会公众之间沟通与互动的有效工具。

4. 监督功能

与传统媒体舆情相比，网络舆情监督功能的优势体现在四个方面：一是网络舆情主体的广泛性强化了社会监督的声势。网络舆情的主体是全体网民，它本身就是一个巨大的信息库。由于网民来自于四面八方，所以社会中的阴暗面和不良倾向、现实中的丑恶现象总是难以逃脱千百万网民的双眼。而一旦网络指向某一监督对象时，网络论坛便会出现如潮的帖文和回帖，其巨大的声势令方方面面的人都难以置之不理；二是网络舆情的快速传播增强了其自身的影响力。互联网联通了千家万户，联通了国内国外，网络舆情的监督也打破了区域性的限制。当有些地方的网络舆情监督涉及当地领导人时，地方传统媒体就很难发挥作用，而网络舆情的监督却能够很快让它传遍国内外；三是监督的时效性更强。网络论坛能即时发布信息。有些事件发生后，当天就能在网上成为人们谈论的焦点，当天就能形成监督性极强的网络舆情，这对传统媒体来说是难以想象的；四是能更好地保护监督人。网民在论坛发言可以隐去真实身份，只要是在宪法和法律允许的范围内，只要是在论坛规则许可范围内，他们进行社会监督用不着担心遭受打击报复，这也极大地调动了网民的积极性。

网络舆情具备了这些优势，因此，在传统媒体新闻监督相对滞后的情况下，网络舆情的监督功能却日益彰显。网民们总是能通过各种渠道捕捉相关信息并将其及时反映到网络上，再通过强大的网络舆情引起社会公众的共鸣，形成对社会中的不良现象、事物和腐败分子的讨伐之势。

8.1.4　网络舆情的社会影响

网络舆情是在互联网上通过有关事态信息的传播、新闻跟帖、网上评论等形成的。与传统媒体舆情相比，网络舆情的参与主体多样，内容数量庞大，传播速度很快，影响范围很广，已经成为超越媒体的"政治软力量"。目前，中国网站数量、网民数高速增长，网民参与社会事务的热情极为高涨，互联网成为民意表达的主要平台，网络舆情的影响也越来越大。

1. 网络舆情的正面影响

网络舆情对社会的影响具有双重特点：一方面，它有一种负面的社会影响，而这种负面影响会对现实社会产生消极作用，甚至具备了一定的破坏性；另一方面，它也有一种正面的社会影响，可以对现实社会发挥建设性作用，主要体现在以下六个方面。

1）网络舆情是民意的"晴雨表"

随着经济的发展、政治的民主化、公民素质的提高，公众表达自己意见的愿望空前强烈，具有天然的开放性、匿名性和互动性等特点的互联网成了最理想的载体。它为公众提供了新的舆情平台和民主训练的机会，也为政府提供了一个了解社情民意的快捷渠道。

尽管目前中国的网民还有其身份局限，网络舆情也难以真正代表所有阶层的心声，但它毕竟为政府了解社情民意开辟了一条捷径。随着中国互联网的发展和网民数量的不断增长，网络舆情的这种作用将会越来越明显。通过形形色色的网络舆情，政府可以了解网民的各种利益诉求，可以感受到网民的不满情绪和思想倾向，可以知道网民对执政党的满意度，还可以看到社会公众对政府的抽象行政行为和具体行政行为的具体反应。

传统的民意表达渠道主要有以下几种：一是人大、政协、各级政府部门报送的内部材料，如新华社的内参等内部刊物，这是高层在新闻之外了解民意的主要通道；二是传统媒体的舆情监督，如中央电视台的"焦点访谈"等；三是政府本身设立的以信访局为代表的一些倾听民意的机构。另外，还有一种非常态的民意表达——游行示威。然而现实情况是，普通群众能够参与、能够表达自己心声的渠道并不多。传统的媒体存在版面或时间有限和新闻把关较严的缺点，使得绝大多数人的诉求没有机会得到表达。于是，基层民众只能选择成本高、难度大、风险大的"上访"。

传统民意表达渠道有各种各样的局限性，有时由于操作上的程序不合理或主事者不负责任，往往会把反映的问题又退回到下一级政府或被告诉人，从而使得问题大多无法解决。所有这些阻碍民意表达的瓶颈，在网络空间里均得以冲破。表达自由是公民的政治权利。没有表达自由，就无法产生民主政治；没有表达自由，就不能维持民主政治。表达自由在弘扬民主方面有着巨大的功能和价值，而自由、开放、平等正是网络世界的本质。网络是最少过滤的信息中心，是最少修饰的意见平台，是最大的参政议政场所。因此，公众在网络上发表对公共事务的看法、意见和建议是迄今为止成本最低、传播最快、风险最小、表达最自由的方式。

近年来，公共管理学界流行一种"协商民主"观点，就是指公共决策在实施之前，必须在公共领域中由公众按照公共理性精神予以讨论和争辩，通过不同意见的对话，最后达成妥协和共识。在"协商民主"过程中，争辩双方所诉诸的不是身份、权势、情感，而是哈贝马斯所说的"交往理性"：不管你的意见如何，在公共论辩中，你都要为自己的立场给出理由，通过公众可以理解的方式予以论证。在缺乏畅通、有效的传统民意表达渠道的情况下，网络便成为发展协商民主最便捷的通道。在广大网民的积极参与下，网络日益成为老百姓参政议政、表达自己参与公共决策过程的强烈愿望的舆情平台。

2）网络舆情是监督的"千里眼"

传统的政府决策过程像一个暗箱，公众往往看不到决策体系内部运作的实际情况，只能透过政策出台的最终结果来事后认知和被动执行。其原因有两方面：一方面，政府没有主动搭建信息平台，及时向公众提供公共决策中非保密的各种信息，未能建立公共决策项目的预告制度和重大事项社会公示制度，公民难以了解、监督；另一方面，公民历来缺乏有序参与决策的途径，普通公民即便想参与某项公共决策，也似乎总是"报国无门"。因此，长期以来，我国政府的决策绝大多数是关门制定出来的。

在网络时代，这样的局面正在改变。近几年来，越来越多的涉及公众利益的问题和公共决策不再"暗箱操作"，越来越多的政府官员意识到"只有当公众知道一切、能判断一切，并自觉捍卫国家和自己的利益时，国家才有力量"。政府的公共决策需要引入"协商民主"理念，需要得到公众的了解、支持或认可，需要听取公众意见并向社会做出合理解释。

在公共决策中引入网络民意，有以下几点积极意义：一是有利于政府最大限度地采集做决定所需要的信息；二是有利于打破公共决策的封闭神秘感，满足公众的参与权与知情权；三是有利于公共决策的顺利执行；四是有利于培育公民精神，增进公众与政府的互信。近年来，因为网络舆情而得以迅速解决的社会难题比比皆是。事实证明，网络在中国已发展成为引导和洞察社会舆情的重要窗口，网络舆情对政府决策正发挥着越来越重要的影响。

监督和被监督的关系，从来没有像网络舆情这样明显而直接。每当国内外的重大事件发生后，逐渐习惯"网络话语权"的中国网民总能第一时间在网上展开激烈的讨论和交锋。网络舆情形成后，其巨大的作用力便会施加到决策者或当事人身上，在一些热点问题和反腐监督上更是如此。

网络舆情正是凭借比传统媒体更加广泛的自由，在虚拟的空间里形成真实的公众舆论，促进了对政府和官员的有效监督，对政府的决策与行为产生了正面影响。网络舆情已经显示出推动中国社会公正、民主、进步的巨大潜力和威力。

网络舆情的监督功能有利于促进社会的透明度，有利于实现社会的公平、正义。其一，网络舆情的监督重点是公共权力，它强烈要求公共权力的运作置于阳光之下，有利于强化政府的依法行政，有利于抑制公共权力的腐败。其二，网络舆情对以领导干部为重点的公众人物特别关注，这种监督有利于公众人物强化职业道德，有利于反腐倡廉工作的深入开展，有利于领导干部本着对人民负责的态度用好手中的权力。其三，网络舆情也形成了对企业和其他社会组织的监督，有利于企业在"经济和社会协调发展，人与人、人与自然和谐共生"的原则下强化企业的社会责任，有利于各种社会组织在宪法和法律范围内活动。其四，网络舆情还形成了对传统媒体及其从业人员的监督，有利于传统媒体端正视角、关注民生，有利于促使其积极开展对现实社会的监督。

3）网络舆情是公众的"减压阀"

现代社会的生活节奏越来越快，工作压力越来越大，社会风险有增无减，未来越来越难以把握；加上新体制尚未成熟时，在利益调整过程中频繁出现了社会不公现象，挑战了公众的正义感和道德观，使其价值准则出现偏移。面对各种复杂的现实矛盾及社会变迁，老成持重的人司空见惯，或许能表现出良好的承受力与稳定性。而那些涉世未深、年轻气盛的社会群体则很难保持积极的心态。于是，浮躁、焦虑、抑郁、迷惘、不安、不满等负面情绪开始郁积。这些负面的情绪如果没有适当的渠道来排解和释放，长期郁积在心底，往往会给公众造成严重的心理障碍，甚至会导致社会的动荡与不安。

网络舆情的匿名性、开放性、互动性等特征，给浮躁、焦虑的人群提供了一个宣泄情绪的畅通渠道。一方面，网络舆情能够起到"减压阀"的作用，人们戴着面具，穿着"马甲"在网上畅所欲言，将自己的遭遇、困惑与痛苦以网上言论的方式宣泄出来，在将自身的喜怒哀乐倾诉出来的同时，也得到了心灵的放松。另一方面，网络舆情可以疏导民众对社会不满的负面情绪，充当社会情绪、社会心理的调节器和缓冲阀。只要对民众加以正确的理性的引导，就可以缓和社会矛盾。任何社会都会产生社会矛盾，社会矛盾的存在是客观的、必然的。只有让不利于社会稳定的不满情绪有顺畅的渠道得以释放和化解，才有利于社会的和谐发展。而网络舆情恰恰提供了这样的渠道。当人们更多地选择通过直抒胸臆的网络舆情发泄出对社会的不满时，实际上就减少了采取过激行为造成危机事件的可能性。当人的压力得以缓解时，同时也为矛盾的化解争取了时间，使社会矛盾和危机处于可控、可调和的范围之内，不至于影响社会的稳定与和谐。

4）网络舆情是公众的"助听器"

因为网络空间的信息量大、来源广，所以网络舆情是网民了解信息的"助听器"。在网络舆情形成的过程中，往往会伴随着激烈的争论、探讨或声讨。在这一过程中，虽然经常会出现正反双方的争吵，虽然也存在一些不和谐的现象，但总的来说，网民为了推动舆情的发展，都会最大限度地发挥网络搜索功能来寻找论据，并把来自各方面的文字、图片、视频信息和材料汇集于网民关注的主题之下。从这个意义上说，一种重大网络舆情的产生也是一次大规模的民间科普和知识宣传活动，它有利于扩大社会公众的知情权。网民在关注一种舆情时，都会对正反方论点和论据进行仔细地阅读，这样他们既可以从中了解大量的信息，也可以增长相关方面的知识，这也正是网络的魅力所在。

5）网络舆情是社会的"黏合剂"

从整体上来说，无论是哪一种网络论坛的出现，均体现了网民对国家前途命运和社会公共事务的关心，也体现了网民参与意识与主人翁精神的日益增强。网络舆情就像一种"黏合剂"，它把国家、社会和公民紧紧联系在一起，对社会建设具有不可低估的作用。在许多重要网络舆情出现后，从领导干部到普通公民，从专家学者、新闻记者到一般网民，他们都把事关国家或地方前途、命运的大事看做自己的事，并对此发表自己的看法，提出意见和建议，从而体现了国家、社会与公民之间的良性互动。

6）网络舆情是道德"风向标"

良好的网络舆情氛围有利于推动社会主义核心价值体系的形成，有利于推动和谐文化的建设。网络舆情爱憎分明，充满了对是非荣辱、善恶美丑认知或反叛的宣示，它反映了一个社会的道德水准，是道德建设的"风向标"。网络舆情一旦形成，不但对网民有一种潜移默化的影响，也会对现实社会中的秩序规范产生重大影响。通过网络舆情，人们可以认识网络中的新事物、新风尚，可以挖掘道德建设的新资源。与此同时，政府也可以发现网络中存在的突出问题，从而在网络伦理建设中"对症下药"。

2．网络舆情的负面影响

网络是一个言论的"自由市场"，国内外发生的每一件大事都可能在网络上引起强烈的反响和争议，形成理性和建设性的网络舆情。但网络舆情同时又是一柄"双刃剑"，由于网络的匿名性、开放性、多元性和非理性，任何人都可能在网络上戴上面具、穿上"马甲"畅所欲言，所以不可避免地在互联网世界也会出现大量不文明行为，破坏正常的舆情环境，带来诸多负面影响。

1）传播谣言、散布虚假信息，误导舆情走向

一切新闻信息都必须真实，这是新闻传播事业的力量和优势所在。真实性是新闻的生命，是新闻舆情事业的生命，也是新闻舆情工作者的生命。网络是一个网民自由挥洒的空间。网上的内容包罗万象，各种文化类型、思想意识、价值观念、生活准则、道德规范都可以找到立足空间。这既给社会舆情带来了前所未有的丰富和发展，也为一些不负责任的或别有用心的人提供了散布假新

闻和谣言的机会，从而有可能出现错误的舆情导向，影响社会的安定和发展，甚至存在着被敌对势力利用的危险。

网络在给人们提供便利信息的同时，也面临着虚假信息和谣言的困扰。网络空间是个虚拟的社会，不同年龄、不同职业、不同地域、不同利益背景的人聚集在网络中，任何人注册 ID 成为论坛网民或经申请拥有个人博客后，都可以随时发布和转载相关信息，这也为虚假信息和谣言开了方便之门。

网络假信息、谣言的传播者当中，既有怀着个人目的制造假信息、谣言的，也有无事生非搞恶作剧的，还有不明真相以讹传讹的。值得注意的是，当虚假信息和谣言出现在网上后，往往能产生"先入为主"的效应，可以催生某种恶性网络舆情，而这种基于虚假信息和谣言产生的网络舆情又进而在更广的范围误导人们，有时还能在现实社会中产生极其恶劣的社会影响。

2）偏激、情绪化和非理性，误导舆情走向

网络舆情有时可以成为点燃社会不满情绪的"导火线"，对社会稳定有着不可忽视的影响。在网上，网民的互动不仅是一种文字的互动，也是一种情绪的互动。值得注意的是，网民个人的不满情绪往往会导致网络牢骚和网络批评的产生，而网络牢骚、网络批评又使个人的不满情绪进一步扩散和加重，有时还会给现实社会的稳定带来冲击。

网上的批评一般分为四种：建言式批评、讽刺式批评、监督式批评和攻击式批评。监督式批评和攻击式批评都有可能成为点燃社会不满情绪的"导火线"。一般来说，监督式批评是正常的，其目标是为了公众的利益，是为了通过监督促进社会的良性发展。对待这类批评，只要执政者重视网民的意见，并给予真诚的沟通和回应，是可以消除不满情绪的。如果执政者对网民的批评置若罔闻，不做任何沟通和回应，网民的不满情绪则会加重，特别是那些能引起民愤的事件，还可能引发事端。攻击式批评则带有一种强烈的颠覆欲望，其目标不仅是监督，而是欲置被批评的对象于死地而后快。网络上有一种很奇怪的现象，会唱反调的人容易出名，而且他们往往在网民中享有很高的威望。

网民参与网络交流的动机非常复杂。有的需要通过网络发泄自己在现实世界积蓄的不满，有的想通过观点表达来实现自己在网络虚拟世界的价值，有的甚至蓄意传播某种过激的反动的思想。这时，意见表达成为一种手段而不是目的。网络中的真假虚实在很大程度上影响了网民的判断，而"从众心理"又加快了非理性情绪的传染。伴随着互联网而来的不仅是网络舆情的相对开放和自由，更有舆情的高度情绪化、粗俗化和非理性。

弗洛伊德把人分为"本我"、"自我"、"超我"三个层面。在网络中，人们展示的往往是最深层面的"本我"。网络使人处于没有社会约束力的匿名状态之中，在"法不责众"的心理暗示下，容易做出非理性的宣泄原始本能冲动的言行。同时，在网络交流中，存在着"交流暗示缺失"现象，即因为缺乏非语言的暗示现象，网民很容易因为在网上发现很多与自己的见解有共通之处的帖子而获得某种想象出来的群体认同感，出现"镜式知觉"和"虚假一致"等认知偏差，以至于情绪型舆情像打开的潘多拉的盒子一样。在浩瀚的网络上，中庸的观点、平淡的表达方式往往起不到引人注目的效果，因此，极端的观点、言辞应运而生，相当一部分网络舆情带有偏激、粗俗、情绪化和非理性的色彩。由于网络传播方式的特殊性，网络舆情的形成非常迅速，一个热点新闻事件加上一种情绪化的意见，就能够点燃一片舆情的导火线。例如，网络社区提供了一个言论平台，一些持有相同或相似偏激观点的人通过在网上的交流，往往倾向于把意见群体的力量夸大，并在彼此鼓励下完成自我肯定。于是，情绪极端者的声音变得越来越大，而相对比较宽容的温和者一方面不愿意过分批评激进言论，另一方面又在激进者不断打压下逐渐失去信心，越来越不敢出言反对。最后，激进成了主流，人数众多的中间派因为受到极端言论的"耳濡目染"，也逐步走向偏激。这就在无形中增加了社会的不安定因素，给社会的和谐带来一种负面影响。而一些极端的、不受理智束缚的偏激舆情，更容易使社会失去对舆情的控制，甚至可能会引发社会的动荡。

　　产生偏激性网络舆情的原因比较复杂。客观地讲，在我国，一方面，媒介舆情长期处于一种被严格控制的状态，而且公众的话语权也一直被压抑与限制；另一方面，在经济发展的进程中，又存在许多与百姓利益密切相关而在短期内尚无法解决的社会问题，公众对社会不公现象的强烈不满长期以来蓄积成一种逆反心理。这种逆反心理，在言论相对而言开放与自由得多的互联网中，就呈现出一种矫枉过正的态势。现在许多所谓的"网络热点"均集中在社会阴暗面、腐败案件、突发事件的一些负面效应上，据此散布的种种偏激言论将会演变成各种谣言。政府如不迅速对曲解的事实进行澄清，不对"情绪型舆情"进行疏导，将会煽动更多不明真相的群众的非理性情绪，最终导致社会的不和谐因素增加。如果政府不能取得控制"网络情绪型舆情"的主动权，则很有可能给社会和谐造成严重的损害。

　　3）"网络暴力"和"网络暴民"

　　网络舆情的兴盛，导致网络舆情具有巨大的"杀伤力"，甚至网络舆情还能演变为"网络暴力"，培育出滥施网络暴力的"网络暴民"。2006 年的"铜须门事件"中便诞生了两个新名词——"网络暴力"和"网络暴民"。在这场"捍卫道德"的网络闹剧中，成千上万的网民在未经事实验证的前提下，轻率地卷入网络攻击的战团。网络舆情的攻势一浪高过一浪，达到了不能控制的地步。网民通过恶劣的"人肉搜索"，把事主的真实身份、住址、电话、照片、视频等个人信息全部公布上网。其中，还有网友建议"以键盘为武器砍下奸夫的头，献给那位丈夫做祭品"……这个事件不但引发网络骚乱，还引发海内外媒体的严重关切，如《国际先驱论坛报》便以《以键盘为武器的中国暴民》为题，激烈抨击了中国网民的"暴民现象"。

"网络暴力"是一种借助网络舆情的力量，对他人进行肆无忌惮的人身攻击的狂热行为。这种行为有以下特点。

第一，具有明显的暴力倾向。参与这种行为的人往往会以粗暴、低俗的语言对某个事件或某个人进行贬斥、羞辱，显现出一种偏激的、极端的倾向。

第二，具有明显的攻击性。这种行为本身不是以一种理性的就事论事的姿态出现在当事人的面前，而是来势汹汹，试图致对方于死地。

第三，他们以一种"执法者"的形象出现，即不是使用法律的手段来解决他们关注的问题，而是把个人的处罚意愿强加在当事人身上。

第四，对当事人进行非法的伤害。

"网络暴力"的出现，除了与网民素质和网络生态环境密切相关外，还有其深刻的社会原因。毋庸讳言，我们的社会仍处于一个相对复杂的转型期。经济上的贫富悬殊、社会各阶层的利益失调、文化上的"众神狂欢"，加上腐败现象时有发生，以及全球化带来的剧烈震荡，都使得观念碰撞、舆情多元成为当代社会的一种必然趋势。在这种社会环境下，网络这个匿名的、开放的、管制相对宽松的虚拟空间，不免成为网民发泄情绪的最好渠道。人们对于公共领域话题的讨论、质疑和批评，都是正常而合理的，这对社会信息公开、普通民众"虚拟参政议政"、推动民主进步也都大有裨益。然而，如果让感情代替了理性，辱骂代替了探讨，霸权代替了协商，网络审判代替了国家法律，那么网络舆情就有从公共事务领域堕落为"非理性舆情"的危险。与现实生活中的暴力事件不同，"网络暴力"主要是"符号暴力"（包括语言、图像等）而非肢体暴力。由于网络世界的虚拟性和匿名性，"网络暴力"不可能像现实生活中的暴力事件一样，一发生就可以及时制止。"网络暴力"的参与者一般来说也不会负法律责任，这也是"网络暴力"屡禁不绝甚至越演越烈的原因之一。

4）网络舆情成为消解社会凝聚力的"分离器"，导致社会信任危机

美国学者马克·E·沃伦说："民主的成分越多，就意味着对权威的监督越多，信任越少。"随着网络言论的日益自由，社会信任却面临着深刻危机。

　　这种信任危机在网络争论中表现得最为明显。在网络论坛，有高水平的理性探讨，这种争论让人长见识，人们能从争论中受益；但也有许多非理性争论，许多网民参与网络争论并不是为了"通过争论明辨事理"，也没有向争论对手学习的打算，完全是为了争论而争论，他们一旦立论后，就不打算修正自己的观点，而是千方百计证明自己对、他人错，即便是理屈词穷，他们也不甘心。这种氛围使一些网民在争论过程中容易走极端。当他们在理性探讨中不能说服对方，甚至有可能被对方驳倒时，就可能采取诡辩、谩骂、人身攻击或无休止纠缠等极端的做法，从而使争论变成无聊的争吵。这些无谓的争吵体现了人与人之间的极度不信任。

　　网络争论导致社会信任危机的一个重要原因就是网络沟通机制不健全。政府对传统媒体（如报刊和影视）的舆情导向是非常重视的，管理也比较到位，但对网络舆情的反应则比较迟钝。一些地方政府面对网络舆情有些不知所措，还是用传统的一套，一味地在传统媒体上加强宣传，以图扭转不利于地方的网络舆情。事实证明，这种做法的效果欠佳，有时甚至起反作用。网民到网络论坛发言，特别是就地方发展前途的大问题表达自己的意见和诉求，就是为了能真正引起地方政府的重视。目前，无论是地方政府还是企业，在强化网络沟通机制方面的工作还不到位，在这种情况下，网民提出的相关问题和质疑得不到及时回答，网民对政府提出的批评和建议得不到有效的回应。久而久之，网民因自己的意见和诉求得不到政府的真正重视而不满，也就渐渐失去了对政府的信任，甚至渐渐失去了与之沟通的耐心，这使许多网民走向了政府的对立面，转而专门针对政府的决策进行攻击，这是非常令人担忧的。

　　社会信任是社会凝聚力的基础，缺乏信任的社会是没有凝聚力的。网络舆情打破了基于无知或盲目崇拜而产生的信任，这是一大进步。然而，互联网并没有在言论自由的基础上产生一种共同的价值理念，它在逐步消解已有社会信任和认同感的基础上，却没有催生一种建立在现代民主基础上的社会信任，这是非常危险的。

8.2　网络舆情的传播法则

　　自 1980 年以来，互联网在整个传播领域掀起了"网络革命"浪潮。不管是互联网上的传播还是其他媒介的传播，它们都遵循传的共同特征：感染性、小变化大后果、突发性而非渐进性。根据《引爆点》这本书提出的观点，可把传播的影响因素归纳为：关键个别人物法则（The Law of Few）、附着力因素（Stickness Factor）法则和环境威力（Power of Context）法则。

8.2.1　关键个别人物法则与意见领袖

关键个别人物法则指在传播信息的过程中有 3 类人在整个传播中起到关键性作用：内行（Mavens）、联系员（Connectors）和推销员（Salesmen），是他们发起并带动了整个传播过程。其中，内行们相当于数据库，为大家提供信息；联系员是黏合剂，将信息传播到各处；推销员则负责"最后一公里"，说服人们接受该信息。

内行是指那些在某些领域积累有丰富知识的人。内行的一个典型特征就是他们往往不是被动地获得信息，而是主动地收集第一和第二手资料，并且会对收集到的信息进行加工和比较，然后毫不吝惜地告诉别人。在掀起一场流行潮的过程中，内行扮演了"信息经纪人"的角色，正是他们将人们与信息联系在了一起。

联系员是那类富有社交天赋的人，其人际关系可能同时涉及几大领域。"六度分隔"理论指出世界上任何两个人之间的间隔平均仅为六度；这并不是指每一个人都与其他人之间都存在六度之隔，它的实际意义是指有一些人与其他所有人相隔仅几度，而大部分人就是通过这几个人与世界联系起来的。一个思想或一种产品离联系员越近，这种想法或产品推广的势头或可能性也就越大。

推销员是推销商品的职业人士，第一线前线职员。这里的推销员不能与推销保险之类的业务员画等号（虽然后者也是推销员），这里说的推销员是指那些能说服人们的人。他们或许不是知识丰富的内行，也不是社交广泛的联系员（当然也有可能同时兼有内行或联系员的身份，甚至三者合一），但他们能解决"最后一公里"，说服人们接受信息。信息能不能真正"病毒"式扩散出去，最重要的一点是有多少强有力（说服力）的推销员在为此努力。

意见领袖是指网络舆情传播中的关键个别人物，是在网络舆情传播中经常为他人提供信息、意见、评论，并对他人施加影响的"活跃分子"。意见领袖是非正式组织中的自然领袖，他往往是某个群体关系的轴心，是一种非正式领导者，是在团体中构成消息和影响的重要来源并能左右多数人态度倾向的少数人。意见领袖改变了传统的单向传播、直接灌输的方式。在传播中，他担任了宣传员、评论员、推销员的角色。

8.2.2　附着力因素法则与信息传播的有效性

关键个别人物法则揭示的是人们传播信息的行为，而附着力因素法则则阐述了被传播信息的本身特征；在同等条件下，附着力越高的信息引爆流行的可能性越大。那什么是附着力呢，所谓附着力，就是人们得到信息后，对其留下了多大的印象、有没有采取相应的行动，以及采取行动的程度如何。但是信息时代产生的巨大信息量使得信息的附着力成了难题。

附着力因素法则在网络舆情传播中体现为信息传播的有效性。信息传播的有效性受两方面内容影响：一是内容如何吸引受众的注意力；二是内容自身的可传播性问题。信息内容本身对信息传播有效性而言至关重要，只有那些精心设计、巧妙构思的信息内容才会有强的附着力，令人难忘，影响受众的认知，甚至激发他们采取行动。内容自身的可传播性的问题，其实质就是在内容吸引受众注意之后的如何吸引、用什么吸引的问题。衡量内容是否具备可传播的特性，首先，要看这种内容为大众所认知的程度，只有大众认知的事情，才是可传播的事情；其次，内容与大众兴趣关注点的重合度也是衡量其是否具有可传播性的必备条件之一，在社会生活中，只有那些与大众兴趣点高度重合的内容，才会引起大众的关注和兴趣，才会使他们有主动担任传播者的意愿。

8.2.3　环境威力法则与沉默的螺旋法则

《引爆点》的最后一个要素是环境威力法则。环境威力法则的实质就是，我们所处的外部环境决定着我们的内心状态，尽管我们对此并不完全了解。这与"沉默的螺旋法则"有异曲同工之处。

德国传播学者伊丽莎白内尔·纽曼认为，大多数人在用自己的态度做出选择时会有一种趋同心态，当个人的意见与其所在群体或周围环境的观念发生背离时，个人会产生孤独和恐惧感。于是，人们便会放弃自己的看法，逐渐变得沉默，最后转变支持方向，与优势群体的优势意见相一致。根据纽曼的观点，舆情的形成不是社会公众理性讨论的结果，而是意见环境的压力作用于人们惧怕孤独的心理，强制人们对优势意见采取趋同行动这一非合理过程的产物。劣势意见的沉默和优势意见的大声疾呼的螺旋式扩展过程，导致社会生活中占优势的多数意见形成，因此舆情得以产生。

但是网络传播的匿名特点也会导致群体压力减少。美国《纽约人》杂志曾刊登过一幅漫画，画的内容为两只狗坐在计算机前上网，该漫画说明了在互联网上，没有人知道你是一条狗还是真正的一个人。"身体缺场"的网际符号互动，有助于克服个体信息造成的交往隔阂，既使交往更为畅通，也消除了由于外貌、身份、社会层次等带来的交流双方的某种先赋的不平等及随之而来的自卑和优越感，使人们能以更为开放和大胆的姿态进入网络。这种"蒙面"交往形成的安全保障，更容易消除个体间的戒备，更有助于信任关系的确立，使得交往更多地回归到了交往的意义本身上来。因此，在网络传播过程中，现实中人们因为某种顾虑而掩饰自己真实情绪和态度的现象得以改观，网络传播的特点及由此产生的对传统媒介结构的冲击使得群体压力相对减少，网民可以通过在网络中积极寻找同盟者来消除孤独，避免出现在有限的现实生活圈子中一旦在意见上孤立就会在其他方面也陷入孤独的情况，这样"沉默的螺旋"中因孤立恐惧而产生的趋同从众行为也就会相对减少。

8.3　网络舆情的管理

许多国家对网上内容的治理因价值观念、意识形态、法治传统不同而不同，对一些问题的认识也有很大区别，如对言论自由、有害内容的理解就不同，这就使得互联网治理呈现不同特点。目前主要有以下三种治理模式。

第一种：严格控制模式。这种模式主张严格控制，采取必要措施维护本国或民族的价值观，保证不受颠覆，保护本国和民族文化传统，保护互联网的纯洁性，严厉打击网上色情、暴力、恐怖活动或虚假宣传；一般主张通过立法甚至控制计算机网络出入口信道的方式进行管制。采用这种模式的典型的有新加坡、沙特阿拉伯，我国也基本属于这种模式。

第二种：注重自律模式。这种模式主张一般不直接对网络进行管理，更多依靠网络参与者自律，以政府管理作为补充和保障。采用这种模式的典型的有英国、加拿大和中国香港。

第三种：宽松管制模式。这种模式主张保护言论自由，对网上内容采取比较宽容的态度。采用这种模式的典型的有美国。美国国会通过的有关互联网内容管理的法案，几乎都有被宣布违宪的历史。美国各界都强调管理互联网不能以牺牲言论自由为代价。

8.3.1　网络舆情管理理念

许多国家认为，互联网并非真空地带，现实社会不允许存在的在互联网上也是不允许存在的，因此各国均形成了一系列管理理念。

多数国家注重保护网上言论自由，规定非经法律授权不得随意直接干预和限制。一些西方国家认为，互联网也是一种实现言论出版自由的重要途径和传播方式，因此公民享有的言论出版自由在网上也应得到保障。不少国家明确规定要"减少行政干预"或"禁止政府事前干预"。美国表示，互联网作为言论传播的载体，网上的内容与互联网本身均受美国宪法关于言论自由权利的保护。

德国根据《德意志联邦共和国基本法》第五条规定，禁止对互联网进行事先的内容检查。日本根据宪法对言论自由、学术自由、个人信息的保护规定，要求"尽量"减少政府对互联网媒体的直接干预。

但各国也普遍认为，网上言论出版自由也要有限度，应给予必要监管，但必须通过制定法律进行。德国《基本法》第五条在强调言论自由的同时，规定"此权利受一般法律规定、保护青少年及个人名誉权法律规定的限制。"澳大利亚规定"必须保护那些不愿意看到黄色和暴力内容的人的权利。"

多数国家普遍认为，为确保互联网安全、健康发展，政府作为国家和公众利益的代表，必须对互联网进行规范，要发挥主动、主导作用。但同时他们也认为，为减少政府"硬控制"的负面效应，应尽量避免直接管理，充分发挥行业组织和私营部门的作用，以与政府监管形成优势互补、良性互动的管理格局。美国宣称政府"应最少管制"，要致力于为互联网持续增长创造稳定的、可预测的环境，将技术、资金、人才、市场的领导权交给私营部门。英国政府的主要策略是通过"协调社会各阶层、各方面的关系来完成。"新加坡采用以产业自律为基础的政府调控和产业自律相结合的政策。日本在设立政府主管机关的情况下，注重通过民间组织和研究机构加强行业自律。

随着互联网在中国的迅速发展，这一新媒介在促进公众舆情的表达和扩散方面，已经获得了无可争议的重要地位。近年来，几乎国内外发生的每一件重大事件，都会在网络上引起网民的强烈反响和激烈的辩论，形成了一个"意见的自由市场"。其中很多具有建设性的看法和观点，甚至对有关部门的决策和施政产生了积极影响。但是互联网是一把"双刃剑"，一些含有不良或非法内容的舆情也大肆扩散。在这种情况下，如何对网民舆情进行有效的引导，并对那些不良或非法舆情内容进行管理，显得尤为重要。对于这样的舆情信息，只靠以"疏"为主的"软控制"方式恐怕难以取得成效。对网络舆情信息的"硬控制"主要是指以法律法规的形式或是通过科技手段，对网络舆情信息进行内容上的管理，同时强调网络媒体自身的管理作用，并且加强行业自律和道德建设。

8.3.2　积极引导网络舆情的正面影响

根据关键个别人物法则，可知只要抓住关键的少数人就能有效地控制整体。可以利用这个法则引导网络舆情走向，特别是要积极引导网络舆情的正面走向。

1. 做大、做强网络主流媒体，引导网络舆情

长期的实践表明，大多数网民总是将注意力锁定在为数不多的大型网站上，如新浪、搜狐、腾讯、天涯社区等重量级商业网站和人民网、新华网、千龙网、东方网等中央和地方主要新闻网站。这些网站即为网络传播中的"主流媒体"。国家为了确保网络舆情导向的正确，也认可并运用关键个别人物法则，在资金和政策上重点扶持了上述网站。与传统媒体中的主流媒体一样，它们具有如下特征：第一，具有较高的点击率；第二，拥有较高的广告营业额；第三，最为重要的是，具有很大影响力和权威性；第四，固定受众是社会的主流人群并得到较好的评价。

网络大大降低了信息获取和传播的成本，公众能够以可接受的代价自行获取或发布信息，因而信息传播开始从"集中"走向"分散"，媒体"把关人"的地位和作用渐渐削弱。网络削弱了"把关人"的特权，并不等于"把关人"社会职能的终结。在网络四通八达的结点上仍然需要各种各样的"把关人"（网络记者、网络编辑、网站管理者等），他们在网络媒体宣传科学理论、传播先进文化、塑造美好心灵、弘扬社会风气方面有着神圣的职责。与过去不同的是，把关方式正在悄悄地发生变化：以前是"严把关"，现在是"巧指路"；以前是让人们"看什么"，现在是教人们"怎么看"；以前是以"堵"为主，即把守好进入媒体的"关口"，对错误的舆情采取堵塞和封杀的方式，而现在是以"导"为主，即充分尊重言论自由，允许各种不同观点和意见发表的同时对其进行积极的疏导。

网络主流媒体要做大做强，至少应该从以下三个方面下工夫。

一是全力经营网站特色，让网站内容与功能具有不可替代的价值。衡量一个网站的影响力，应该有两个评价体系，一个是绝对强势的评价体系，另一个是相对强势的评价体系。绝对强势，就是指简单地按照访问量进行比较衡量；而相对强势，是指按照一个网站的不可替代程度进行比较衡量。在国际传播格局日趋向着专业化方向发展的今天，我国各级各类新闻网站应该逐渐以"专卖店"思维取代"超市"思维，从拷贝型、堆砌式的新闻模式中走出来，更加注重自身特色的建设，依据自身特有的信息资源、特有的服务功能、特有的传播方式，实现自身特有的传播价值。

二是整合同类信息传播资源，让同类网站形成集群强势。这是提高中国互联网新闻舆情传播影响力的重要途径。在目前中国互联网新闻网站的布局中，内容类型相同、受众群体相同、传播目标相同的网站数量可观。这些网站如果处于相互之间没有联系、单打独斗的状态，很难从浩瀚的网络大海中浮现出来。如果能够对现有新闻网站的信息资源进行合理的结构性整合，将会对提高那些

同类网站的知名度，增强其传播影响力起到重要作用。

三是建设强大的网络数据库，构筑支撑深度新闻舆情传播的信息基础。数据库是增加新闻舆情传播影响力的基础支撑力量。国际主流网站无一不是通过庞大的信息数据库来支持其新闻舆情传播的。可以说，高质量的网络信息数据库已经形成西方主流传媒在重大新闻事件方面进行全方位深度报道的基础支持。中国互联网对公众开放的时间与美国互联网对公众的开放时间相差不远，但是两个国家互联网信息传播所依赖的国家信息化水平差距甚远。美国国家信息数字化的工作是从 20 世纪 70 年代中期开始的，到互联网对公众开放使用时，网络媒体在运行中已能够得到国家数字化信息资源的强大支持。而中国信息数字化工程在 20 世纪 90 年代中后期才起步，已经建成的各种专业数据库也大多处于相互隔离的"孤岛"状态，国家公共信息资源远远没有实现"共享"。因此，中国网络媒体在新闻舆情传播中缺乏深层信息能量的支持。要想提高自身的舆情影响力，政府必须从开掘基础信息资源、建设各种专业数据库开始，做艰苦的积累性的工作。

网络主流媒体所反映出的社会舆情才是网络舆情的主流，才会产生更大、更广泛的影响。因此，政府应该在资金、政策、人才等方面加大扶持这些主流网络媒体的力度，形成一批政府管得住、网民信得过的网络媒体品牌，通过主流网络媒体形成舆情"合力"，由此来掌握网络舆情宣传阵地的主动权。

2. 培养意见领袖，引导网络舆情

美国俄亥俄州伊里县就总统竞选宣传进行了一次调查，发现了一个意想不到的事实：他们的本来目的是了解大众传播的作用，结果却看到人际传播的作用更大。具体而言，大众传播的受众分为两种人，一种人接触媒介较多，关心政治，而另外一种人则相反，前者能够影响后者。前者被称为意见领袖，后者叫"追随者"。这种由"大众传播→意见领袖→追随者"构成的传播过程，被称为"二级传播"。

研究者指出，这种"二级传播"往往比直接的亲身传播更有说服力和影响力。因为意见领袖的传播更加灵活，同时也更有针对性，所以在传播效果上更容易被受众接受和相信。在传播中区分流的种类，即把传播内容划分为信息流、影响流、感情流，而意见领袖的作用多见于影响流的过程中。换而言之，意见领袖能够影响受众的思维，从而达到使受众转换态度，发生行为的变化。

在交互开放的网络中，由于每个人处理信息的能力不同，所以大众传播时代遗留下的权威性仍将在网络新闻媒介中发挥作用。公众主动选择信息的行为符合一种"权威法则"。当网络上出现大量虚假信息和极端言论，受众无所适从

时，他们对于评论权威的依赖性更强烈，仍需要领袖为自己解惑。这就为意见领袖的产生和存在提供了现实基础。不可否认，在网络舆情的传播过程当中存在着意见领袖。而这些意见领袖对于传播效果往往具有指向性甚至决定作用。

网络舆情是在互联网上传播的公众对某一焦点所表现出的有一定影响力的、带倾向性的意见或言论，已经形成一种强大的舆情力量。古话说，"防民之口，甚于防川"。面对网络舆情的来势汹汹，应该采取的应对措施是"只疏不堵"。针对目前网络舆情情绪化较强的弱点，政府应培养论坛意见领袖进行具有亲和力的、体贴的舆情引导，以及通过连通传统媒体对网络舆情进行选择放大引导。

具体来说，在网络舆情传播过程中，意见领袖的职能包括：根据论坛主题合理制定和规划论坛发展方向，促进版面朝良性秩序发展；充分利用论坛和网络资源及其他资源，为论坛发展提供更大的发展空间；参与版面内容引导和版务规划，积极推荐优秀帖子，培养推广优秀写手发掘并运作版面热点话题，协调网友矛盾和版面纠纷，及时处理网友投诉；认真处理版务，积极与相关管理员沟通，以服务姿态面向网友，自觉维护论坛形象，在版争中尽量维持中立；严禁在任何场合对网友进行非议和人身攻击，严格审帖，严禁滥用职权，接受网友监督。强化网络论坛版主的地位和责任感，利用网络论坛版主来引导网络舆情是培养意见领袖的必然做法。这些意见领袖有见地和代表性的言论一般被论坛版主用醒目的字号和颜色加以强调，放在论坛最突出的位置，以便网友能直接看到。这种做法的最终目的也是为了强化网络的主流言论，分化和孤立非主流言论。

8.3.3　有效管理网络舆情的负面影响

管理网络舆情的负面影响，应该坚持以立法为基础，综合运用行政管理、行业自律和社会监督等多种手段，只不过对各种手段的利用程度和运用方式不尽相同。

1. 法律手段

依法管理是多数国家治理互联网的通行做法，他们一方面不断制定和健全互联网法律法规，对网上行为进行规范；另一方面让执法机关依法对网上行为进行监控，对违法行为给予打击。西方国家普遍使用现有法律解决互联网问题，但其中也有些国家根据互联网特点，对现有法律进行适当修改或补充。在内容上，立法重点解决两个问题：一是对网络言论和行为进行界定，明确什么是保护的，什么是禁止的；二是明确政府、服务商、网民等的权利、义务。尽管各国立法进程、立法形式、法律的保护和惩治力度等各不相同，但由于维护国家利益和立法的目标是一致的，所以互联网法律调整和立法的重点也基本一致，主要集中在维护公共利益、公共道德、公共秩序和国家稳定等方面。

各国普遍重视网络安全和网络犯罪。首先，这是因为网络恐怖活动可能对国家安全造成危害。"9.11"事件以后，美国和欧盟国家在有关立法中均对互联网管理和监控进行了更加严格的规定。美、英、法、德、日等在立法中规定，凡涉及色情、欺诈、教唆和诱导犯罪，侵犯知识产权、著作权和个人隐私，非法侵入计算机系统，主张恐怖主义，利用互联网贩毒等都要追究刑事责任，并规定了具体处罚措施。例如美国在《国土安全法》中增加了监控互联网和惩治黑客等条款。其次，各国均非常重视保护未成年人，并制定了相应的法律法规，仅美国就有《儿童在线保护法》、《儿童网络隐私规则》、《儿童互联网保护法》、《反低俗法》等多部法律。英国的《保护儿童法案》、日本的《儿童卖淫、儿童色情相关行为等的处罚以及儿童保护法》、法国的《未成年人保护法》、澳大利亚的《联邦政府互联网审查法》等均做出了从严、从重处罚利用互联网腐蚀未成人的犯罪行为的规定。法国规定：向未成年人展示淫秽物品者可判 5 年监禁和 7.5 万欧元罚款，如果上述行为发生在网上、面对的是身份不确定的未成年受众，量刑加重全 7 年监禁和 10 万欧元罚款。另外，面对垃圾邮件给全球经济带来的损失，各国纷纷对反垃圾邮件进行了立法。例如，美国、日本都颁布了《反垃圾邮件法》；欧盟颁布了《隐私和电信指令》，重点打击垃圾信息；澳大利亚于 2003 年颁布了《垃圾邮件法案》。

政府应对执法机关监控给予法律授权。各国普遍通过法律授权执法机关作为互联网监控的合法主体，依法或秘密实施互联网监控。执法机关是指依法享有犯罪调查权的警察部门、情报部门等。除执法机关外，其他政府部门没有互联网监控权。美国颁布的《爱国者法》和《国土安全法》，授予了执法机关更大的监视和搜查权，政府和执法机构可大范围地截取嫌疑人的互联网电信内容，还可秘密要求网络服务商提供客户详细信息。例如，微软的即时通信（MSN）和美国在线（AOL）有义务向政府提供用户的有关信息和背景资料；新浪北美网站几乎每个月都会收到美国 FBI 的通知，要求提供电子档案。服务商信誉和公民的隐私权都只能让位于国家安全。美国的宪法第四修正案对政府处于国家安全和军事考虑而从事的监视活动也不做限制。英国的《调查权法案》、《电子通信法案》，日本的《犯罪搜查通信监听法》等也授权本国的搜查机关在必要时可采取对包括互联网在内的信息进行公开或秘密的监控等措施。

政府应注重保护信息资料等个人隐私。各国普遍重视个人资料及隐私权的保护。美国、英国、日本、德国、俄罗斯在个人信息保护方面制定了专门的信息数据库保护法。德国规定联邦检查机构拥有对数据保护的控制权，并规定可以将数据转移给公共部门的具体条件。但美国对特殊的个人资料信息制定法律法规进行了规范，对一般个人信息则通过制定自律规则进行规范。

政府应规定网络服务商的法律责任。这是许多国家的互联网立法中的重要内容。新加坡的《互联网操作规则》、德国的《多媒体法》、澳大利亚的《联邦政府互联网审查法》等，都以专门一部分或较大篇幅对网络服务商的责任义务做出了具体规定。美国、英国、日本、法国等国的相关规定则分散在一般性互联网法律中。2006 年 6 月，韩国总统卢武铉在同门户网站代表座谈时专门强调：网络媒体在为沟通提供方便的同时，也应当为此带来的问题承担相应的社会责任，凡是有可能危害国家安全、民族团结、宗教和谐的内容，都应禁止。纽约时报网站论坛明确规定："有权删除、编辑网民的各种言论"。印度时报称，他们有自己的价值观、有自己的办网理念，不符合他们理念、违背法律的信息就不会有渠道在网上出现。

网络服务商的法律责任主要有三类：一是信息内容责任。内容服务商可在服务中事先审查用户发布的信息内容。而接入服务商虽难以做到事前审查，但在发现违法行为后可采取技术措施予以阻断。许多国家赋予了内容服务商和接入服务商基于信息内容合法性的合理注意责任，以及通常条件下发现并采取技术措施阻止或删除违法、有害信息的责任；二是安全管理责任。虽然西方国家普遍采用"避风港"原则，免除网站运营商对于他人利用其提供的网络服务传播违法信息的责任，但仍然在立法中严格规范了服务商的安全管理责任，主要包括日志记录留存责任，违法信息的发现、删除责任，技术阻止和拒绝传输责任等；三是协助、配合执法部门开展互联网监控的义务，主要包括协助执法机关实施互联网监控、发现违法信息和非法网站及时向执法机关报告并阻止有关网页的传输、依照执法机关的指令提供加密资料密码、对执法机关调取公民通信内容和对公民个人数据及信息予以保密等。

同时，为保护服务商在监管中的积极性，法律还明确了服务商的免责条款，主要包括：一是按照主管部门要求，及时将有害内容从网上删除，便不承担责任；二是对只由自己提供利用途径而由他人提供的内容，只有在了解这些内容并且在技术上有可能阻止、而且进行阻止并不超过其承受能力的情况下才负责任。

2. 行政手段

西方许多国家的政府表面上不直接介入或很少介入互联网管理，即使介入也多以服务、保护等形式出现，但实质上他们通过制定管理政策和管理制度、推进立法、行业自律、控制网络舆情和网络技术等，在管理中心发挥着核心、主要作用。

1）根据法律规定或管理需要，对管理机构及管理职能进行实时调整

相关管理机构主要有两种：第一种是打击网络犯罪主管部门，国家以立法形式授权警察和安全部门监控各种网站和电子邮件，持续跟踪、分析网上可疑情况，对危害社会稳定和国家安全的违法行为加以严惩。例如，德国内政部门成立"信息和通信技术服务中心"，为网络调查和采取措施提供技术支持。美国、日本警方也组建网络警察机构，严厉打击网络犯罪活动；第二种是行政主管部门，主要负责制定互联网发展政策，实施行政管理，监督传播内容。多数国家采取的是由多个部门共同管理行政的形式，如日本形成了以总务省为核心，文部科学省、经产省、法务省和内间调查室等分工协作的网络管理体系。在澳大利亚，传播、信息技术和艺术部负责为政府在政策方面提供战略建议和专业支持。但也有的国家明确由一个部门负责管理行政，如英国确立由通信办公室管理，有的国家还成立了专门机构，如美国"国土安全部"的"国家网络安全处"。

2）制定和落实管理制度——这是政府履行法律授权、实施管理的基本手段

（1）登记注册制。

要求服务商在从事相关服务时，到政府主管部门进行真实资料登记，以此明确和强化网络从业者的法律和网络安全责任。实行登记注册制的主要有新加坡、韩国、法国、意大利等国家。新加坡规定，接入服务商和拥有网址的政党、宗教团体及以新加坡为对象的电子媒体，均必须在新加坡广播局注册并接受管理。内容服务商无须专门注册，但政治团体发布网页、参与有关新加坡的政治和宗教讨论时必须注册。

（2）实名制。

以真实姓名或资料使用互联网，是促进用户自我约束及问责的有效办法。目前，一些国家在不同程度上实行了网络实名制，但有的是政府行为，有的是服务商为降低风险的自发行为。例如，美国雅虎规定网民必须履行注册手续并提供有效电子邮箱。网民通过邮箱获取注册密码后方可登录发言。在德国，网民只能在专门博客托管服务网站上开设博客，并登记护照号码和实际地址。挪威的官方网站提供各种公共服务，如咨询、报税等，自然而然就需要进行实名注册。日本在部门 BBS 中保存了网民的 IP 地址信息，预付费手机实行完全实名。韩国的实名制较为彻底和严格。自 2005 年 10 月起，韩国在全国实行互联网实名制，网民必须用真实姓名和身份证注册并通过身份验证后，才能申请使用"电子邮箱"、"在网站的留言板上发帖"等服务。无论是政府还是网络服务

商要求的实名制，服务商都有义务保护这些信息不被滥用和侵犯，否则将受到法律的指控。

（3）许可制。

政府应以审查许可的方式，对一些重要网络内容或重点从业者和用户进行某种控制。法国根据提供服务的性质将许可证划分为多种类型，有的必须由经济财政工业部门审查批准，其余的由电信监管机构批准颁发。例如，在韩国，从事网络广播电视业务、手机电视业务的人必须履行申报手续以取得相应的运营许可资格。新加坡实行分类许可制度，网络从业者依照其性质及提供服务的内容分为需要许可和无须许可两类，凡向主管部门登记，遵循分类许可证规定的义务，都被认为自动取得了执照，登记后的网站应根据《互联网运行准则》，自主判断并管理其网页上的内容。

（4）分级制。

分级制主要是指根据一定标准，对网络内容进行分级，以便于网络用户选择适合的网络信息，这主要是为了保护未成年人。在多数国家，一般是从技术范畴要求服务商对内容进行分级后做出明显标志，或者向用户提供过滤分级软件。例如，英国颁布法案、规则和指导原则，提出以政府为主导发展方便易用的过滤技术。新加坡的《行业内容操作守则》规定服务商应采用恰当内容分级系统，将不同信息加以区分，标明所属网站。澳大利亚的分级制则相对严格，其《联邦分级法》规定互联网内容需要经过国家主管部门分级后方可登载。在澳大利亚，负责分级的是电影、文学作品分级办公室，采用的标准是与电影和文学相同的分级标准，未成人不宜的内容绝对不允许出现在网上。

（5）内容检查制。

政府主管机关应对网上传播的内容（包括手机电视、网络电视传播的内容）进行检查和监管。新加坡、韩国对网上有关国家安全、政治稳定、种族歧视、纳粹类的违法信息的监管尤为严格。例如，新加坡不允许在网上出现煽动种族歧视的内容，政党大选期间不允许有攻击性内容，韩国对手机电视、网络电视传播的内容实行日常监测制度，及时发现问题及时处理。澳大利亚于 2004 年开始监管匿名政治性网站，使互联网上的政治活动受到像传统媒体一样的规范。

（6）举报投诉制。

通过设立举报电话或举报网站的形式鼓励民众（特别是网络用户）监督、举报有害信息和网站，引导民众参与互联网管理。多数国家主要是依托自律组织或服务商来受理举报的，但澳大利亚却是以政府主管部门为主，当用户认为在网上看到不该看到的内容，可向通信传媒局投诉。

3）操控网络舆情

美国、欧盟、日本等通过向媒体提供新闻方式，使官方观点通过新闻媒体影响公众，左右舆情。一直以来，他们主要通过以下方式引导舆情：一是通过政府官员在媒体发表讲话、政府部门召开记者招待会或新闻发布会等方式，直接散布舆情；二是政府官员把一些消息故意泄露给记者们，间接影响舆情；三是新闻"吹风"，把需要公布的信息通过官方认可的媒体传递出去等。互联网作为第四媒体，政府在操控网络舆情时，这些做法自然就被采用了。此外，为了加强引导，有的国家还设立了官方网站，借此增强了政府的声音。在美伊战争中，美军便设立了各种"媒体中心"，通过网络等媒体集中发布各种信息，同时利用不具有政府色彩的民间承包商为美军在伊军事行动大肆宣传。

4）加强技术控制

互联网是技术的产物，世界各国都注重运用高新技术加强对它的管理。对其技术研发、使用人才培养，多数国家从资金、政策等方面给予了支持和倾斜。英国、澳大利亚等都有一套互联网管理的技术手段，可及时发现、跟踪网上有害信息。美国军方和国家安全部门每年都在管理技术方面投入相当大财力、人力，保证在新技术层出不穷的情况下，技术管理也不落后。目前广泛的网络管理技术主要有分级技术、过滤技术、防火墙和访问控制技术、身份识别和鉴别技术、内容侦察和侦察控制技术等。美国具有世界领先的技术优势，这使得它不仅可以轻松地对本国互联网进行监控，还可以监控其他国家。

3. 网络媒体自律手段

"少干预、重自律"是互联网管理的一个共同思路，它强调政府作为服务者的角色，并承认政府管理的"有限性"，希望着重发挥政府的服务和协调职能。发挥网络媒体的自律作用，这一责任主要落在"把关人"和"版主"两个角色身上。

1）"把关人"对舆情信息的管理

在传统媒体上，我们把那些对信息进行筛选、取舍、把关的记者、编辑、节目主持人称做"把关人"或者信息"守门人"（Gate Keeper），这一名词也被移植到了互联网上。利用"把关人"在网络传播中所处的地位，对舆情信息进行管理是一种最为常规的做法。"把关人"可以对言论内容实施分类管理，即对涉及不同类型主题的言论采用先审后发、边审边发、先发后审等不同方法进行管理。对于"有益的"言论，网络媒体应该大力提倡和宣传；对于那些大量存在的"中性"言论，应保证传播渠道的畅通，使网民充分享受言论自由的权利；对于总体无碍，但又略显偏激的言论，需要具体问题具体对待，有的保留，有的修改，有的删节，没必要一棍子打死；对于那些危害社会稳定、破坏民族团结、捏造或者歪曲事实、散布谣言、教唆犯罪的有害言论要坚决"不容"，要及时发现及时剔除。如果性质严重，还需要向舆情信息工作部门及时汇报，并继续追查。

2）论坛"版主"对舆情信息的管理

网络论坛是网民交流讨论最活跃的场所，管理难度相当大。特别是时政类论坛，在网上参与者多，阅读者众，影响面广。因此，既要保证网民的言论自由，又要防止有害舆情信息的散布，论坛"版主"的管理作用就显得十分重要。"版主"管理是网民言论管理的最直接的方式。论坛一般均声明网站有权删除、转移、编辑所有违规信息，以及取消违规者张贴信息和访问网站的权利，这一权利通常是由"版主"来执行的。"版主"的工作主要有：对空洞和过时的文章和信件进行清理；对优秀的文章进行整理；挑选佳作放在精华区内；组织网友们就有关问题进行讨论或投票等。对言论内容的管理也是"版主"的一项重要工作，主要体现在以下几个方面。

首先，制定"版规"。在用户注册论坛 ID 时，网站一般都要求用户在注册之前浏览《注册条款》或《论坛管理条例》。例如，强国论坛管理条例中规定：不得上贴违反中华人民共和国宪法和法律、违反改革开放和四项基本原则的言论；不得上贴造谣、诽谤他人、煽动颠覆国家政权的言论；不得上贴暴力、色情、迷信的言论；不得泄露国家秘密；请勿张贴未经公开报道、未经证实的消息，亲身经历请注明；请勿张贴宣扬种族歧视、破坏民族团结的言论和消息；请注意使用文明用语，请勿张贴对任何人进行人身攻击、谩骂、诋毁的言论等。论坛往往会根据不同内容划分若干个子论坛，如时政、生活、娱乐、体育等。因此，用户在注册之后，还需要遵守论坛中每个子论坛的"版规"，如不得发布和本版无关的信息，不得"灌水"，以及必须遵守的信息发布格式等。

其次，对言论话题进行设置和引导。由于网民的分散性和差异性，他们的兴趣点和所关注的话题的差异性也极大，所以网络论坛的讨论话题也比较分散。"版主"需要结合当前国内外热点和关注焦点，精心设计、选择一些网民关注的热点新闻、观点，供大家发表意见。这样可以让网民围绕话题进行发言，进而使网民言论的内容主题集中，便于引导舆情。

网络舆情的道德自律包含两方面的要求：一方面，网络媒体需要制定相应的道德自律规范，在提醒每个上网用户对自己的网络行为负责的同时，也要以身作则，在网络传播中坚持道德准则，规范自己的传播行为，在网民中营造一种公德意识环境。2006 年 4 月 12 日，北京四十多家网络媒体协会及协会各成员网站共同制定自律公约。公约共包括十一条，其中包括严格规范新闻信息稿源，恪守新闻职业道德、职业纪律，杜绝任何形式的虚假新闻、有偿新闻、侵权新闻、低俗新闻和虚假广告；遵守社会道德规范，自觉抵制网络低俗之风；不在网站社区、论坛、新闻跟帖，不在聊天室、博客中发表、转载格调低下的言论、图片和音视频信息；建立、健全网站内部管理制度，规范信息制作、发布流程，强化监管、惩处机制，自觉接受政府部门的管理，主动欢迎社会的监督和批评，对政府部门和网民等提出的问题和建议限时整改等。该公约无疑是网络媒体在推进行业自我约束和自我规范方面做出的一个积极的尝试。

另一方面，网络舆情主体无外乎是现实社会中真实的个人，个人道德素质的高低决定其网络言论和行为的文明程度。因而，从某种程度上说，管好了现实社会的人，也就意味着管好了网络。因此，要想营造良好的网络道德舆情环境，加强对网民的网络道德教育刻不容缓。

4．社会监督手段

社会监督的力量包括每个公民和组织，但在互联网监管中以网民、家长和学校等为重点。社会监督以无时无处不在、低廉的成本、有利于网民自律等特点，被许多国家广泛采用。政府通过开展多方面教育普及活动，提高民众自我保护和网络监督意识，同时设置热线电话，开办监督网站，引导他们自觉参与到互联网管理中来。民众主要以举报网上违法内容的形式进行监管。政府发动社会监督的手段主要有以下两方面。

1）设立专门机构

例如，新加坡广播局成立志愿者组织互联网家长顾问组（PAci），澳大利亚设立专门公众互联网咨询机构互联网警报，以为本国公众提供咨询、教育及研究支持服务。

2）普及监管宣传

政府应通过开展法律法规和基本常识等教育普及活动（如规范网民的网络行为），形成网络道德规范。例如，澳大利亚政府在互联网上制作了大量通俗易懂的教材，新加坡设立反垃圾邮件网站，为用户提供了防范垃圾邮件的基本知识和方法。一些国家的政府还经常主要开展群众性的讨论、竞赛等活动，以普及网络常识。

 本章知识小结

本章在介绍了网络舆情的定义和网络舆情传播理论的基础上重点介绍了网

络舆情的管理。在网络舆情管理的理念指导下，政府应根据网络舆情的特点和网络舆情传播理论，积极引导网络舆情的正面影响，有效管理网络舆情的负面影响。

案例分析

"华南虎"事件

2007年，最能引起全社会普遍关注的莫过于"华南虎"事件了。在这场由拍照者、官员、媒体、专家、读者、网友共同参与的博弈战中，网民成为推动事件发展的最重要的力量。网民的自始至终的质疑、追问和求真精神促使媒体和政府高度关注此事件。在"华南虎"事件中，网民的力量成为推波助澜的关键因素，而且主要集中在网络社区。这具体是指：以"天涯社区"、"网易专栏"为代表的社区类型，以及以博客和"BBS"论坛、评论留言板为代表的社区类型。这些社区成为网民参与该事件的重要载体平台。如果说网络是一组相互连接的结点，那么网络社区就是各个结点共享的曲线距离。网络是开放的结构，能够无限的扩展，在网络社区中不断整合入新的结点，便形成了以网络技术为基础的高度活力的开放系统。

在很大程度上，网民介入社会议题是受到政府鼓励的。当西方媒体纷纷在西藏问题上责难中国，当奥运火炬全球传递受阻时，政府就乐见网民"揭网而起"，利用互联网这种新兴的大众传播工具代政府反击西方舆情。在四川大地震的全国抗震救灾行动中，网民与门户网站利用博客来发布救灾信息，组织救援行动，发动捐款，这些通过互联网做出的贡献也获得了表彰。

互联网的开放、互动和匿名等特性特别适合于发展多重的弱纽带关系，弱纽带在以低成本供应信息和开启机会方面相当有用。普特南（Putnam）曾经预想："互联网可能可以在一个似乎迅速日趋个人化及公民冷漠的社会里对扩张社会纽带有所裨益。"平等的互动模式基本没有太多限制沟通的条条框框。这也使得人们在线上沟通更加没有禁忌，沟通过程更真诚和更有益于发掘事件的真相。

 思考题

1. 关键个别人物法则相当于网络舆情中的什么角色？
2. 为什么"沉默的螺旋"在网络舆情中的效应受到削弱？

3. 网络舆情有什么特点?

4. 网络舆情有哪些功能?

5. 网络舆情带来什么正面影响?

6. 网络舆情带来什么负面影响?

7. 有效管理网民舆情的负面影响有哪些手段?

参 考 文 献

[1] 马尔科姆·格拉德威尔. 引爆点. 北京，中信出版社，2006.

[2] 东鸟. 网络战争. 九州出版社，2009.

[3] 刘毅. 网络舆情研究概论. 天津：天津人民出版社，2007.

[4] 李斌. 网络政治学导论. 北京：中国社会科学出版社，2006.

[5] 王天意. 网络舆情引导与和谐论坛建设. 北京：人民出版社，2008.

[6] 秦前红，陈道英. 网络言论自由法律界限初探——美国相关经验之述评. 信息网络安全，2006，（4）.

[7] 杨义先. 网络文化安全综述. 中国文化市场网，2005.

[8] 金文斌. 网络传播的发展与控制. 河海大学硕士学位论文，2003.

[9] 邓琼. 网络舆情的控制与导向. 暨南大学硕士学位论文，2007.

[10] 曾小明. 网络舆情及导向管理. 国防科学技术大学研究生院，2009.

[11] 甘惜分. 新闻理论基础. 北京：中国人民大学出版社，1983.

第 9 章

数字化城市管理

本章内容：
数字化社区的定义和管理模式
网格化管理及管理流程

9.1　数字化社区

随着电子政务的发展，如何打造一个高效、快速反应、竞争力强的和谐的城市已经成为政府部门的一项重要工作。本章将主要介绍电子政务发展的高级阶段——数字化社区和网格化管理。

城市管理是指以现代城市管理决策、执行、监督分立制衡为基本理念，将信息技术应用于城市管理实践，并形成与之相适应的城市管理体制、机制、流程和方法。其主要目标是建立现代城市公共治理结构，精细、快捷、高效地处理城市居民面临的主要问题，打造一个更具有竞争力、更公平和可持续发展的城市。

9.1.1　数字化社区的定义

数字化社区是指以社区服务中心为主，联合政府部门、社区服务提供商、银行金融机构和物业管理公司等相关单位，以网络平台、语音平台和平面资讯为载体，以政务服务、商务服务、金融服务、物业服务和资讯服务等为内容，整合各方资源，面向社区居民提供属地化服务的综合服务体系。数字化社区是我国"十一五"期间发展的重点，是我国社会信息化的基础和核心。

数字化社区需要很长一段时间才能落实，属于电子政务第三阶段的应用产物。在此之前，必须要求政府完成上网及数据库资源网络共享。另外，全民网络应用意识的广泛深入普及也是必要条件之一。当前只在小范围地域有过成功范例，如电子政务起步最早的新加坡已建成了完善的数字化社区系统。

数字化社区是以社区居民为主要服务对象的，必须充分整合政府、企业及社区内部的相关资源，以满足居民生活、政府管理、企业经营三个方面的要求。

数字化社区具备行政管理、信息采集发布、便民利民服务等功能，可提供法律、气象、医疗、教育培训、旅游、家政、娱乐等方面的服务。这些服务具体包括提供以下 7 个方面的信息。

（1）便民、利民公共服务信息。数字化社区应以居民需求为导向，采取热线电话、互联网网站、社区呼叫系统等多种形式，构建社区信息服务网络，以满足居民公共服务和多样性生活服务需求。

（2）特困人员、失业人员和低保对象的信息数据。数字化社区应开展社区就业，为困难人员提供就业援助；促进社区救助服务，加强对社区失业人员和城市居民最低生活保障对象的动态管理，做到"应保尽保"。

（3）企业退休人员信息数据。数字化社区应推进企业退休人员社会化管理，配合社会保险经办机构做好养老金发放和领取资格认证工作，为企业退休人员提供社会保险政策咨询和各项查询服务。

（4）社区文化活动场所、社区体育设施信息。数字化社区应建设文化体育场所，开展社区文化活动，开展教育培训活动。

（5）疾病预防及计划生育信息。数字化社区应加强社区卫生和计划生育服务，开展健康教育、预防、保健、康复、计划生育技术服务和一般常见病、多发病的诊疗预防服务。

（6）外来人口信息。面对城镇的流动人口，加强管理和服务是促进社会和谐的紧迫任务。

（7）社区治安信息（出入口、停车场视频、家庭报警信息）。数字化社区应建立健全社区治安防控网络，积极推广运用物防、技防等现代科技手段和措施。

9.1.2　数字化社区的管理模式

数字化社区的目的就是运用各种信息技术和手段，在社区范围内为政府、居委会、居民和包括企业在内的各种组织和机构，搭建互动网络平台，建立沟通服务渠道，从而使管理更加高效，服务更加优质，最终使居民满意，建设和谐社会。其核心系统有社区服务平台，社区服务呼叫中心、社区"一键通"报警平台。

1. 社区服务平台

社区服务平台由社区服务网站和社区综合管理系统组成。社区服务网站主要面向居民提供服务，居民可以登录网站查询与自己生活相关的政策法规及相关便民信息，使居民做到轻松处理日常事宜；社区综合管理系统则是为相关管理部门方便办公所建立的一套综合性系统，可使办公程序简化，并可将不同的部门集中化，从而方便了社区居民。

社区服务网站作为向居民提供服务的信息平台，适应不断增长的应用需求，对安全性、可靠性，灵活的可扩充性、高度的稳定性及服务质量等都给予了很好的满足。同时，社区服务网站还可以为百姓提供在线申请及受理用户的服务请求等功能。

社区服务网站的内容主要包括四类，即一般事务发布、政策法规、政务服务和便民利民。其详细功能包括今日城区、政府相关、城区政务、参政议政、街道社区、公告栏、城区快讯、政府公文、办事指南、热点关注、基层动态、民意反馈、网站调查、便民服务等。同时，社区服务网站可以接受居民的各种咨询、监督反馈等。

社区综合管理系统是专门供社区、街道、区职能部门使用的综合信息管理系统，其主要模块包括行政事务办理、辅助办公、基础管理等，其主要功能包括社区居民基础信息库、政务服务流程、统计分析、报表系统、公文传递、辅助办公。

2. 社区服务呼叫中心

呼叫中心（Call Center），也称客户服务中心，是集电话、传真机、计算机等通信、办公设备于一体的交互式增值业务系统。用户可以通过电话接入、传真接入、MODEM 拨号接入和访问互联网网站等多种方式进入系统，并在该系统自动语音导航或人工坐席帮助下访问系统的数据库，获取各种咨询服务信息或完成相应处理。呼叫中心最早出现在美国，1995 年我国出现了第一家合资的呼叫中心"九五资讯"。经过十多年的发展，目前我国呼叫中心已经在通信、银行、电力、保险等行业普及。随着互联网分类广告、电视购物和高档消费品进入循环消费阶段，呼叫中心越来越多地进入了生产型企业、商业企业和服务型企业，为越来越多的企业提供了销售、服务、技术支持等服务和事务处理类工作。

现阶段的呼叫中心存在三种业务发展模式：企业自建、传统外包和虚拟呼叫中心。当今主流的发展模式是虚拟呼叫中心，它不受地点的限制，只要能够上网就可以实现呼叫。

现在通用的呼叫中心模式有硬件方式坐席和软件方式坐席两种，并且可以通过互联网在任何一台可以访问互联网的主机上进行操作。当前通信类运营商的客服系统就是典型的呼叫中心。

社区服务呼叫中心与社区网站是密切结合的，所有网站上的内容都可以通过服务专线进行了解，使居民足不出户，通过电话就可以享受方便、快捷的网络经济时代的信息化社区服务。

社区服务呼叫中心采用一个专用的电话号码，专门为社区的居民提供优质的服务。它需要建设一套完善的系统，需要几个人 24 小时值班。社区服务中心基于先进的 CTI（计算机与电信集成）技术，集程控交换技术、计算机技术、网络技术与数据库技术于一体，按照呼叫中心（Call Center）的动作模式，采用技术领先、性能可靠的平台为呼叫处理和业务支撑设备，以灵活的人工、自动服务方式提供多种客户服务业务手段，并可按运营者要求在线生成新的业务。

社区服务中心具备所需的几乎全部呼叫处理应用功能，如模拟中继、数字中继，互联网接入，自动语音导航、自动语音应答，人工坐席服务、多媒体坐席服务，语音合成，传真、语音的录放等。其交换能力强劲，功能齐备。该中心可采用各市分公司提供坐席出租的方式，采用客户制定的呼叫号码，提供最专业的 24 小时语音服务，为客户节省了大量的人力和财力。

3. 社区"一键通"报警平台

"一键通"是社会对老年人、儿童、残疾人等社会弱势群体提供的一种救助热线方式。老年人等弱势群体在身体健康出现危急情况时，可通过专用通信设备，利用电信部门提供的线路与社区"一键通"报警指挥中心取得联系。当中心接到报警信号后，可根据报警人事先约定的报警处理方式，通知医疗急救中心，并同时向报警人居住地的社区居委会及其子女亲属发出报警信息，以最大限度地抢救报警人生命。

"一键通"利用电话线路传送信号。其工作原理是：用户首先在家中的电话线上接入一个设备，该设备可以接收无线或有线的信号，并可利用电话线将接收到的信号发送出去；接着，发送出的信号通过 PSTN 程控交换网送达一个接警平台（系统应用服务器），接警平台（系统应用服务器）可以通过人值守来判断信息的来源并做出处理，也可以与一个外呼平台进行对接；然后将发送上来的报警信号通过一个接口程序转换成语音或文字消息进行外呼，并送达到预先设定的通信设备上，通信设备可以是手机、小灵通或者固定电话；接收信息的方式有电话提醒和短信告知，从而最终形成告警信息的传送。

同益街道信息化社区简介

创建数字化社区，从根本上说是为了给社区居民提供高效、快捷、便利、优质的管理和服务。汕头市升平区同益街道信息化社区是广东省第一个由街道办事处构建的信息化社区。

同益街道信息化社区依托汕头电信的宽带城域网和互联网数据中心（IDC），建成了社区网络服务平台，并通过网络快车（ADSL）宽带网将街道机关、居委会和社区服务中心连接起来，形成了一个互联互通的网络。它还利用电信程控交换技术开通了社区呼叫中心。该社区民众通过互联网或拨打服务热线即可访问信息化社区的内容，获得各种优质、便利的服务。

同益街道信息化社区将数字信息技术直接应用于社区的管理和服务，从技术理念上体现出了以人为本的创建方略。其应用于社区管理和服务的技术组成主要有以下四个部分。

（1）网上虚拟社区（Web）。虚拟社区涵盖政务公开、个人信用、扶贫济困、环境卫生、家政服务、劳动就业、医疗保健、法律援助、文教科普、治安秩序、物流派送等方面，可提供网上宣传、招聘、求职、购物的各项服务。

（2）社区呼叫中心（Call Center）。社区开设了呼叫中心并开通了服务热线，社区民众通过拨打 8273333 即可方便地获得社区的各项服务。

（3）社区服务中心及应用服务系统。社区服务中心作为社区服务窗口，将社区的信息资源通过软件技术进行整合，从而实现了资源共享，可让社区民众享用社区提供的各类服务。

（4）街道、居委会办公自动化管理系统（OA）。街道、居委会开通了自动化管理系统，即在街道机关设立局域网，使各个科室的计算机实现联网，因此各居委会通过网络快车连接街道局域网即可实现办公自动化。

同益街道电子社区网络服务平台如图 9-1 所示。

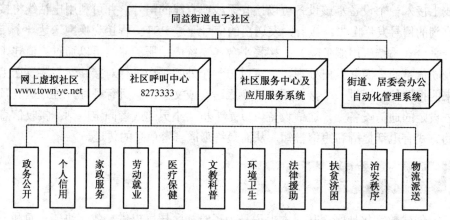

图 9-1　同益街道电子社区网络服务平台

1. 网上虚拟社区

同益街道信息化社区的网上虚拟社区向社区居民提供各种政务、商务和公益信息服务，将千家万户对各个领域、不同层次的服务需求与能够提供的服务资源紧紧联系在了一起。

（1）政务公开，指通过 Web 发布公告、新闻报道、政务信息、政务公开、办事指南及各种服务承诺。

（2）家政服务。在该网上虚拟社区设有房产中介、搬家、水电维修、家政、保姆、钟点工等服务咨询，可为社区居民家庭日常生活提供方便、快捷、优质的服务。

（3）劳动就业。在该网上虚拟社区建立社区职介中心（或职业介绍所），面向社会，服务群众，方便企业，规范劳务市场。

（4）医疗保健。在该网上虚拟社区介绍各种最新的保健方法，利用辖区内现有的医疗卫生机构为社区群众提供优质、便捷的服务，还建立了一个医疗保健讨论区。

（5）文教科普。建立网上学校，进行网上培训、补习；提供网上多媒体教学；创办市民学校教育培训；建立社区电子图书室，为社区群众提供健康有益的文化服务；利用网络广泛开展文化、科普宣传教育，促进居民崇尚科学，破除迷信；进行岗前培训、就业指导、继续教育。

（6）环境卫生。通过网上宣传，增强居民的卫生意识；建立社区容貌义务巡查队，根据居民和巡查队在网上的消息反馈，由居委会加派人手，加强社区环境卫生监督，定期组织社区检查。

（7）法律援助。在该网上虚拟社区成立社区法律援助中心，聘任街道法律顾问或兼职律师，为社区居民提供法律咨询服务，帮助街道企业和社区居民办理民事诉讼，维护街道企业和社区居民的合法权益。

（8）扶贫济困。在该网上虚拟社区设立一个社区慈善会，利用网络联系区内外的各类慈善机构，开展各种慈善公益活动；通过居委会调查，利用网络上报需要帮助的住户各单（如下岗工人、特困家庭、残疾人、孤寡老人等弱势群体），从而给予其及时帮助。

（9）治安秩序。在该网上虚拟社区提供公安、保安机构的地点、电子地图、停车点等信息。

（10）物流派送。在该网上虚拟社区实现物流派送服务，包括货物登记、货物查询等。随着服务网络的完善，物流派送将沿着提供网上电子结算的方向发展。

（11）个人信用。逐步建立完善个人身份情况和商业信用的记录，建立规范化、标准化的个人信用评级体系。

2．社区呼叫中心

社区居民通过拨打热线电话，可以进行咨询或获得社区的各项服务。社区呼叫中心的建设围绕"社区是我家，服务进万家"的目标进行，做到自动语音服务与人工服务相结合、电话呼叫与后台数据处理相结合，可为社区居民提供全天候的服务。

3．社区服务中心及应用服务系统

同益街道社区服务中心可为社区居民提供高效、快捷、便利、优质的服务。

作为街道、居委会两级社区服务网络的核心，该中心始终坚持立足社区、走向社会、服务群众的宗旨，面向社区居民开展便民利民服务；面向下岗职工和待业人员提供就业和再就业服务；面向本社区困难居民、残疾人、优抚对象等提供社会求助和福利服务。

4. 街道机关、居委会办公自动化管理系统

街道机关、社区居委会办公自动化管理系统是一套基于 Intranet/Internet 技术的综合办公自动化系统。

该系统具有独特的模块组建技术，使得办公人员得以从繁杂的日常办公事务中解放出来，参与更多的富于思考性和创造性的工作。该系统力求突出个性化的设计和高度安全性等特点，同时为了适应不断发展变化的需要，其服务目录的体系结构具有灵活的可延伸性。作为一套全新的办公自动化应用软件和为用户提供战略级的办公自动化解决方案，该系统具有非常独特的管理和服务功能，如下所示。

（1）个人功能，包括最新个人通知、通讯录、日程安排、文件柜、工作日志、网络计算器、PDA/WAP 接口、个人资料。

（2）事务功能，如单位新闻公告板、讨论区（BBS）、会议管理、公文管理、项目管理、考勤管理、客户信息、单位资源管理、办公室邮件、信息管理、在线人员。

（3）系统管理，包括用户管理、权限管理、日志管理、讨论区管理、制度规章管理、客户信息管理。

该系统可为管理部门提供现代化的日常办公条件及丰富的综合信息服务。由于它涵盖了日常办公中的所有环节，所以可以实现档案管理自动化和办公事务处理自动化，从而提高了办公效率和管理水平，实现了各部门日常业务工作的规范化、电子化和标准化，增强了档案部门文书档案、人事档案、科技档案、财务档案等档案的可管理性。同时，该系统的使用提高了办公人员的整体素质，有利于城市信息化的长远发展。

同益街道信息化社区的建设体现了创建现代化文明数字社区的要求，即通过加强社区建设，改善居民群众的物质生活和精神生活，使行政组织职能由管理型向服务型转变，具有明显的社会效益；通过网上进行政策法规的宣传，及时把党和政府的方针、政策及工作等面向社区居民进行广泛宣传和教育，让社区居民更直接、更准确、更迅速地了解政务信息，增加了街道办事的透明度，促进了政务公开，并逐步实现了政府办公自动化，提高了行政效能；通过及时发布街道社区服务信息，搭建起供求对象之间和对外沟通的桥梁，开辟街道网络服务窗口，增进了街道与社区居民和社会公众的沟通；通过有效推动社区公共信息服务，推进信息资源共享，实现了网上公告、网上教育、网上医疗、网上调查等，使社区居民可亲自参与信用体系建设，扩大了城市信用体系建设的覆盖面，促进了城市信用体系建设向纵深方向发展。

9.2　网格化管理

9.2.1　网格化管理概述

网格化管理是指借用计算机网格管理思想，将管理对象按一定标准划分成若干网格单元，利用现代信息技术和各网格单元间的协调机制，在网格单元之间实现有效的信息交流，透明地共享组织的资源，最终达到整合组织资源、提高管理效率的现代化管理思想。

1. 网格化管理的基本特征

网格化管理从系统结构的角度来看，应该充分体现"网格布局，条块总合"的特征；从信息关联的角度来看，应该充分体现"信息整合，有度通达"的特征；从资源关联的角度来看，应该充分体现"资源共享，有偿融通"的特征；从系统运作的角度来看，应该充分体现"运作协同，有序旋进"的特征。本节将以现有网格化管理研究进展为基础，主要从系统结构、业务流程、公众服务、资源管理及业务监管五个要点出发进一步分析探讨网格化管理的基本特征。

1）系统结构

现有政府的递阶结构已形成了比较稳定的权力体系，事实证明这种结构在职能管理上比较有效，也形成了较强的职能问题解决能力，但其服务响应及业务协同问题突出。因此，网格化管理在适度保留原有递阶结构的基础上，按照业务流逻辑和信息流逻辑适度增加了横向结点之间（包括不同层级）的业务关联和信息关联。其中"网格布局"体现了"基于网格思路"的基本精神，"条块总合"体现了条块的辩证统一。针对块的信息共享、业务协同及条的业务监管和资源协调，使得这种网格化管理结构既能使基层有很大的自由度，富有活力，高效运作，提供便捷服务，同时又能实现条的监控和管理的方便和高效。

2）业务流程

业务流程既包括信息流环节，也可能包括有形的物流或服务流环节。与物流或服务流比较，信息流转移成本相对较低。因此，为减少整体转移成本，应尽可能让信息先行，而后选择最合适的路径来确定物流或服务流的转移。网格化管理根据流程重组时需确定流程环节、基础数据和服务端口的共享模式，其基本思路是建立统一业务受理点，将受理信息递交到管理部门，而后再分发给各职能处置部门。网格化管理集成多个机构的相似性环节，并使业务沿权力"顺"流而下，不但实现了环节及数据共享，而且也有利于职能部门专业处理能力的提高及业务的顺利执行。因此，网格化管理的业务流程体现出"运作协同，有序旋进"的特征。

　　3）公众服务

　　对于终端用户而言，网格化管理真正体现了"以人为本"和"用户至上"的理念。网格化管理通过流程重组实现了流程简化与内部协调，公众获取服务时只需在统一服务端口提交需求信息而不必再了解各职能部门的办事规则。网格化管理流程对于内部管理机构而言一目了然，不过对于公众而言就像空气一样透明而不可见，因此可将网格化管理服务称做"透隐式服务"。网格化管理发展是一个内部流程不断优化，服务质量不断提高，部门职责更加专业明确，业务监督更加完善，最终实现为终端用户提供便捷的"透隐"服务的过程。

　　4）资源管理

　　虽然网格实体部门与资源布局仍具分散特征，但网格化管理系统结构为各网格结点控制的分散资源的充分利用和有效协调创造了条件。基于网格化管理流程，整个系统能动态控制和管理各网格结点资源的现状和利用情况，并为整体资源配置及任务/资源匹配提供可能性。不过，要想做到资源的有效共享和高效利用，尚需进一步通过规范协议来明确信息流通权限、时限和资源调用原则，如通过资源控制权在系统内调拨（政府）或通过市场机制有偿融通（企业）。

　　5）业务监管

　　业务监管的目标是通过对流程运作实施监督、检查，准确判断其状态是否偏离目标，识别偏离程度并分析其原因，进而为决策者提供调控意见，确保流程正常运作，避免流程偏离可能导致的损失。监管本身和管理一样，具有多个层次、多种类型。当前的业务监管体系，包括独立监管机构对流程的远距离监控、流程部门的上下级监控，以及同一部门内领导对结点工作人员工作的近距离监控。业务监管最关键的是要及时获取流程状态信息，特别是偏离目标状态的信息，而且其对获取信息的时间性和全面性要求十分苛刻。

　　当前递阶结构存在的通病之一体现为各职能部门自我管理、自我监督，导致事实上的无效监督。网格化管理通过剥离职能部门的监督职能，统一构建独立监督中心，通过部门分权规范和岗位考核规范，极大提高了监管效率。而最关键的是，网格化管理的系统结构、业务流程及资源管理模式与人体经络系统的结构、功能、目的具有同构性，使得最高决策层能够借鉴其思想理念，构建更深层次的经络式监控系统。通过进一步确定网格化管理流程的主监控点（穴位），网格化管理将在部门、岗位监督基础上实现对整个系统的总体监控和重点监管，即实现"以点控面"或"以点控体"的有效监管目标，避免监控失效可能导致的损失。

2．网格化管理的系统结构

根据城市网格化管理的总体需求，结合北京、上海等地的实践，城市网格化管理的系统结构如图 9-2 所示。从图中可以看出，城市网格化管理系统由应用管理系统、城市网格化管理数据库及相关的网络协议与网络设备等组成。其中应用管理系统是城市网格化管理的核心，网格化管理数据库及网络（包括网络协议和网络设备）是实现城市网格化管理的基础。

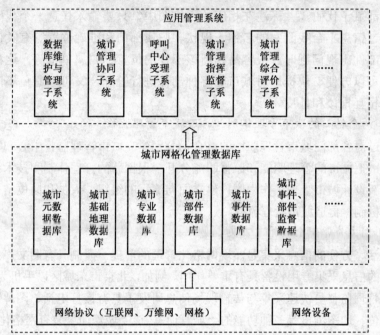

图 9-2　城市网格化管理的系统结构图

3．城市网格化管理的主要内容

城市网格化管理的内容十分丰富。从目前的应用来看，它主要包括以下几方面的内容。

1）单元网格管理法

单元网格管理法是指在城市管理中运用网格地图技术，按照现状管理、方便管理、管理对象整体性等原则，根据区域内管理对象的复杂程度、管理目标，以大体相当的若干面积为一个独立的管理单元（如北京及上海等地采用万米单元格）且各个单元互相连接，形成不规则边界线的网格管理区域；对网格中的数据资源、信息资源、管理资源、服务资源进行整合，实现共享；由城市管理监督员对所分管的网格实施全时段监控，同时明确各级地域责任人为该辖区城市管理责任人，从而在纵向上实现对管理空间的分层、分级、全区域管理。例如，北京市东城区^①划分为 1 652 个网格单元，对每个网格单元赋予 12 位编码，每个网格单元都有自己的责任人。

2）城市部件管理法

城市部件管理法就是将物化的城市管理对象当做城市部件进行管理，运用地理编码技术，将全部城市部件分为若干类，并建立相应的数据库，对每个部件都赋予代码，并标注在相应的网格图中，只要输入任意一个代码，都可以通过信息平台找到它的名称、现状、归属部门和准确位置等有关信息。当某个部件出现问题时，很容易判断该部件的位置、归属单位等，这种管理方式既可以方便、快捷地对城市的各种部件进行管理，又可以避免不同部门之间的相互推诿和扯皮。

3）两个轴心的城市管理体制，再造城市管理流程

通过对各部门城市管理职能的整合，分别建立城市管理监督中心和指挥协调中心，把城市的管理职能和监督职能分开；根据新的管理体制和技术手段特点，重新设计城市管理工作程序，建立面向流程的组织、人员和岗位结构及激励约束机制，再造城市管理流程。

4）图文声像俱全的信息采集

灵活、方便的信息采集是实现网格化管理的前提，研制具有图文声像等多种功能的信息采集专用设备具有重要作用。例如，北京市东城区以手机为原型，为城市管理监督员快速采集与传输现场信息研发了具有接打电话、图片采集、位置定位、地图浏览等多种功能的"城管通"。该"城管通"装有网格化地图，监督员可以通过"城管通"对城市部件、事件发生的问题进行拍照、录音，并将有关信息发往城市管理监督中心，也可以通过"城管通"接收监督中心的指令，对有关城市部件问题的处理情况进行核查，从而实现了信息的实时传输。

9.2.2　网格化管理流程

网格化管理的目的是为终端用户提供一种"透隐"式的便捷服务，使终端用户可以真实获得这种服务，却又不需去了解其内在流程；用户只需提出需求，然后享受服务即可。服务系统的内在机制对终端用户好像空气一样，真实而又透明存在，因此称这种服务为"透隐"服务。

编者注：现在，东城区已与崇文区合并，本书所说的东城区为合并前的东城区。

　　要想满足"透隐"服务，显然需要像网格技术那样做到资源完全共享，做到资源协调调度，做到统一服务端口。这些在传统的"递阶结构"中并没有得到解决。因此，探讨网格化管理模式之前，首先需了解传统递阶结构的局限。

1. 递阶结构的局限（如图 9-3 所示）

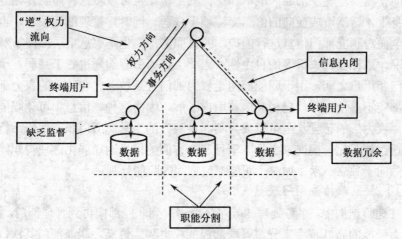

图 9-3　递阶结构的局限

　　1）职能分割

　　在递阶结构中，部门按照工作职能设置，彼此间业务分工明确，直接向上级负责，同级间交流合作很少。这种职能分工方式虽可使专业职能尽量发挥，但却使很多需多个部门协同办理的业务变得难以完成。职能分割的各部门只向上级部门负责的机制妨碍了各部门之间的相互协调，因此必须解决这种业务上的协调问题。

　　2）数据、流程"冗余"

　　职能分割除了造成业务彼此分割、缺乏沟通外，还会造成数据、流程的重复建设，造成人力、物力的极大浪费。当前，无论办理何种业务都需要用户的大量信息，这些信息多以数据库形式存储，各部门之间在缺乏业务共享的情况下，往往是各部门各建一套数据库系统，甚至可能设置专门数据库管理人员，而这些数据有相当大一部分是相同的，从而造成不必要的浪费；从使用角度讲，各部门多需要相互引用数据，数据库割裂往往造成数据更新困难及数据不一致，从而为使用带来问题。流程上也往往存在类似问题，如多个部门各自建了一条完全可共享的流程。在当前建立节约型社会，提倡可持续发展的大环境下，这便成了必须解决的问题。

3）信息的"内闭性"

职能割裂会造成部门信息封闭，产生信息的"内闭性"，而信息的"内闭性"又会进一步导致职能部门更加独立，各种协调更加困难。通常职能部门只需同上层管理部门及用户两个对象进行信息交流，不需要或很少需要横向的信息沟通。即使需要，鉴于沟通的成本和交流的不便，也可以将这种需要转化到终端用户身上，这就造成横向的信息交流趋于减弱。同时，管理部门很难，也没有精力全面对职能部门信息进行监控，并且职能部门也不愿意上层部门了解自己的情况，那样会丧失很多的自由性，因此上行的信息沟通也趋于减弱。至于职能部门和用户之间，由于职能部门是权力部门且是缺乏完善监督的权力部门，职能部门不愿使内部信息轻易地被用户了解，因为这种"信息"可让职能部门获得"权力"的感觉甚至可以成为其"寻租"的工具，所以职能部门下行的信息沟通也被弱化。横向、上行、下行三个方面的信息沟通弱化，使得职能部门更加倾向于独立活动，加深了职能部门之间的职能分割。

4）"逆"权力流向问题

在递阶结构中，事务处理的顺序是由用户到职能部门再到管理部门，然而，从权力势能的高低程度来分，管理部门的权力势能最高，职能部门其次，终端用户最低。也就是说，事务处理通道的方向同权力的势能方向"相逆"，这样就会增大事务处理时的难度和时间。于是在终端用户提交需求时就容易产生"拉关系"、"潜规则"、"好处费"等不正常现象；而管理部门有能力使业务快速办理，又促使了管理部门"权力寻租"的产生。由此可见，缺乏监督的"逆"权力流向的事务处理过程费时费力且易滋生问题。

5）"无效"的自我监督

递阶结构的一个关键问题是缺乏有效的监督。监督的目的是保证职能部门提供的服务与用户提出的需求之间没有大的差异。因此监督要观察两个点，一个点是终端用户提出的需求，另一个点是职能部门提供的服务，将两个点进行比较，从而起到监督的作用。但是在递阶结构中，业务的受理是由职能部门操作的，服务的提供同样也是由职能部门操作的，因此两个点均由职能部门自己控制，相当于"自我监督"，这要靠职能部门的自觉意识来实现。但是没有监督机制和激励机制的自觉意识是无效的。因此，递阶结构缺乏对职能部门提供服务的有效监督，而这种监督缺失所造成的问题只能由终端用户来买单。

2. 网格化管理结构设计原则

网格化管理无法离开递阶结构而存在，因为现有递阶结构已经形成了比较稳定的权力体系，事实证明这种稳定的权力结构在职能管理方面比较有效，形成了较强的职能问题解决能力，能够比较全面地解决各类社会问题。只是这种结构存在一些局限，现在需要做的是进一步提高其效率及协同解决问题的能力。因此，设计网格化管理结构时，要在递阶结构的基础上，按照网格化管理的基本特征进行优化和调整。几大设计原则阐述如下。

1）网格结构、条块总合

针对递阶结构职能分割局限的缺点，并考虑全网互联的不可操作性，网格化管理在保持递阶结构管理体系和权力体系的同时，应尽量增加各横向节点间的互融互通，使割裂的职能部门重新整合起来，使纵向为上下级部门的权力线，横向为职能部门间的业务联系线，从而形成网络结构。此外，递阶结构功能"有条无块"，"条"上即权力线的业务沟通比较多，效率也较高，而"块"上即部门间缺乏联系，即使联系也要通过共同上级进行协调，程序增多，效率降低。网格化管理应通过建立块与块间的业务线，使得在解决业务时，能够按照最少的程序、最节约的办法处理，并使得条与块能互相协助，做到"条块总合"，共同发挥作用，从而最终提供更高效的服务。

2）资源共享、信息融通

建立网格化结构中块与块之间的横向联系时，要遵循一个共同的原则，即资源共享原则，具体包括流程共享、数据共享、服务端口共享等几大类。

（1）流程共享：在网格化结构中，根据各部门业务流程的情况，将具有共同性质的流程超脱出来统一建设，然后为各个部门分别提供服务，这样既减少了各部门重复建设的消耗，又大大提高了建设的规模效益，也有利于提高该流程的专业化程度，一举多得。流程共享最大的好处在于能耗的节约，包括人力、物质、能量、信息各方面，从而可实现整体的节约。

（2）数据共享：在网格化结构中，数据共享非常重要。政府需要根据各部门对数据的要求情况，建立统一的终端用户信息数据库，或者在各部门数据库的基础上建立分布式数据库或数据仓库，目的是建立一个共享的终端用户信息访问机制，使终端用户信息可以"一次集中收集，多处分散共享"，既减少重复收集存储信息的问题，又保证数据的一致性，从而方便用户的使用。

（3）服务端口共享：流程共享、数据共享是为了加强"块"与"块"之间的沟通。而服务端口共享才是为终端客户提供"透隐"服务的根本途径。在网络化管理的结构中，为给终端用户提供"一站式"集成服务，需将各部门业务服务端口共享起来，使终端用户提交需求时不再逐个部门的遍历，而只需向受理中心提出需求即可，从而使终端用户真正享受到"透隐"服务。

（4）信息融通：为实现上述各种共享，必须建立一个便捷的信息融通机制。一方面，流程共享、数据共享、服务端口共享等工作必定大大增加通信业务量，没有完善的信息通信系统无法完成这些工作；另一方面，信息本身就是必须共享的资源，事务处理的信息要通过信息平台传达到各个相关部门，促进业务流程的运作，同时便于终端用户实时观察，提高服务的质量。

3）流程重组、职责明确

职能部门流程大体上是"业务受理—业务处理—提交服务"，其中业务处理时会包括"数据访问"+"同其他部门协调"+"其他可能流程"。分析职能部门流程时，需分析这些流程是否有共性，是否值得共享，是否可以共享。例如，是否有很多部门都因访问相似数据而造成冗余，若属实则可考虑数据共享。只有根据这种适宜原则，对流程进行详细分析才可实现共享。

流程重组的一个重要方面是使业务处理为"顺"权力流向。对需管理部门审批的事务，可建立统一受理点，然后将受理业务先递交给管理部门，然后再分发给各职能部门，这样业务处理就由权力势能高处流向低处，"顺"权力流向活动，有利于业务执行。通过流程分析和重组，不但能实现资源共享，也可做到职责明确，将具有公共性质的职能统一起来，减少职能部门的附加工作，使其只剩下本职工作需要做，从而发挥其专长，还可逐步提高职能部门的专业能力。

4）服务监管、旋进协同

递阶结构存在的问题之一就是监督机制不健全，并已成为各职能部门的通病。在网格结构中，可将这一功能独立出来统一构建，以提高监管效率。监管部门既要了解终端用户需求，又要知晓最终服务情况，还要保证监管部门与职能部门不存在利益共同点。在这一原则下，一种可行的办法是将各部门相似性的业务受理监督工作剥离出来，建立统一业务受理部门，同时保证最终服务或服务信息也要通过其提交给终端用户。这个统一的业务受理部门在业务受理时了解终端用户的需求，在服务提交时了解服务情况，从而具备监督职能。通过不断的监督、提高、再监督、再提高的反复螺旋递进的过程，可以保证服务质量的逐步提高。

5）流程管理、"透隐"服务

网格化管理是真正对"用户之上"观念的回归。各职能部门本是因为服务用户而存在的，但由于长期的职能分割和权力意识导致职能部门反而成为终端用户的上帝。网格化管理要改善这种情况，解决的路径就是实现内在的流程管理，通过资源共享实现人力能耗的节约，通过流程重组实现流程简化和内部协调，通过有效监督机制实现自主管理和效率的提高，实现所有管理流程的内部优化。网格化管理建立的整个过程是一个系统内部流程自我优化，部门职责更加专业明确，业务监督更加完善，专业服务质量也更将完备，并通过这种内在的有效管理，最终实现为终端用户提供更便捷、快速的"透隐"服务的过程。

3.　网格化管理组成单元

根据以上分析，网格化管理可按其基本引申出来的设计原则，保留由原递阶结构决策机构和各职能部门组成的权力体系，但剥离职能部门受理功能组成新业务受理中心，剥离职能部门任务派遣功能组成业务指挥协调中心。具体而言，网格化管理组成单元将包括以下几类。

（1）受理中心：集中办理递阶结构中由职能部门各自完成的业务受理职能，将网格内所有用户对所设定项目的需求统一提交给业务受理部门。

（2）指挥协调中心：由递阶结构的管理协调部门转变而来，或根据需要合并组建，以实现前端任务与后端各专业职能部门资源与能力的匹配。

（3）监督中心：将各部门具有相似性的监督工作剥离出来，建立相对独立统一的业务监督中心，特别是借助人体经络系统思想理念进行总体监控和重点监控。独立的监控中心通过实时掌控系统总体状态和重点事件状态，为决策者提供系统优化调整建议。

（4）职能部门：由递阶结构的专业职能部门转变而来，专注于业务处理能力。各职能部门按协调指令完成需由本部门负责的专业业务。

4.　网格化管理的基本流程

网格化管理的基本流程可抽象为如图 9-4 所示。

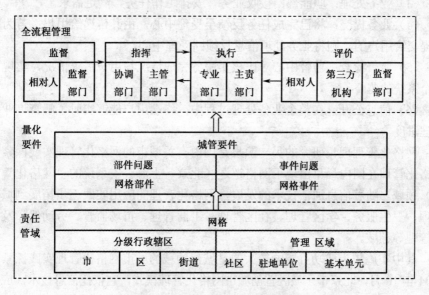

图 9-4　网格化管理的基本流程图

网格化的具体管理流程如图 9-5 所示。

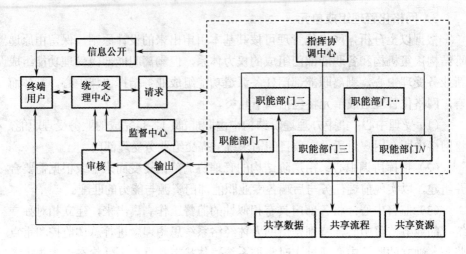

图 9-5　网格化的具体管理流程

（1）业务受理：统一受理网格内所有已分类业务，单一职能部门处理的直接转至相应处理部门，需指挥中心审批或协调的转至指挥中心。

（2）业务分派：统一审批或业务协调，由指挥中心审批或将任务细分后再转至相应职能部门。

（3）业务处理：职能部门接收业务，安排工作任务，满足需求。

（4）业务提交：将已完成任务反馈至受理中心，由其传递给用户；若为直接提交给用户的，则将业务处理信息反馈回受理中心。

（5）监督检查：监督中心对比核实服务完成情况与用户需求情况，实现对整个系统的监督。

（6）信息公开：在整个业务处理过程中，终端用户能够实时了解查询业务处理进度。

网格化管理理论研究的另一源泉是国内有关城市的网格化管理实践探索。网格化管理在国内最早出现于网格巡逻（北京、上海公安系统的"网格化"巡逻）领域。随着信息通信技术的发展，网格化管理的应用实践逐步拓展到城市管理、卫生服务、学区管理、社区管理、工商管理、市场监管、劳动保障及党建管理等领域。

其中实施较为成功且影响较大的是城建领域的城市网格化管理实践探索。2004 年 10 月，北京市东城区首创城市网格化管理模式，它依托信息技术，应用整合数字城市技术，采用并结合万米单元网格管理法和城市部件管理法，实现了城市管理空间细化和管理对象的精确定位；自主研发了"城管通"，对信息实时采集传输手段进行了创新；创建了城市管理监督中心和指挥中心两轴管理体制，再造了城市管理流程，最终实现了精确、高效、全时段监控、全方位覆盖的城市管理新模型。

1）东城区网格化基础设施

东城区公用信息平台、城市空间地理信息平台、电信通信设施宽带网络是东城区信息化最重要的基础设施，是建立一切信息系统的基础，也是实现网格化管理的必要条件。

（1）建设东城区电信通信设施平台。

东城区与北京电信合作，充分发挥区政府的地域管理优势，利用电信部门的网络技术和电信基础设施优势，铺设覆盖全区 25.38 km^2 的宽带高速多媒体城域网。2001 年完成 15～20 个机关、3～5 个小区、5～8 个饭店或宾馆的宽带接入；3 年内完成东城区区域内 80%具备宽带接入条件的小区及楼宇的宽带接入；5 年内基本完成东城区区域内电信通信设施网络建设。

（2）建设东城区公用信息平台。

东城区公用信息平台是数字东城工程建设的核心，是首都公用信息平台的组成部分。它是具有完善的网络基础设施，配有宽带互联网出口，能提供虚拟专网服务和增值信息服务，安全保密管理严格，信息资源得以有效开发并实现资源共享的区域网络系统。"十五"期间，依托东城区公用信息平台建设了电子政务系统、电子商务系统和公共服务系统。

（3）建设东城区城市空间地理信息平台。

东城区城市空间地理信息平台是以数字地球理论为指导，以 3S、海量数据存储和压缩、宽带网络、计算科学等关键技术为支撑，以城市系统的空间信息过程为对象的计算机技术系统。它包括两个部分：一是城市空间信息基础设施；二是建立在此基础设施之上的专题数据库和数据库系统。该系统的内容、服务、产品和产业是东城持续发展的源泉。该系统的作用在于向政府、企业、家庭和个人提供增值服务，改善城市资金流、商流、物流、信息流及彼此之间的流通效率，为市民提供高质量的信息社会生活环境。

2）东城区政务领域信息化

（1）东城区政务信息化的内容和规划。

政务信息化是东城网格化的一项重要内容，包括机关业务办公自动化、政府网站建设、网络会议、整合资源数据库等重点工程建设。加快实施电子政务工程，实现政府内部办公网络化、信息化，是营造东城经济发展环境的迫切要求，也是进一步转变政府工作方式、提高工作效率、建设和管理现代化大都市中心城区的一项十分紧迫的任务。东城区政务信息化的建设规划是：在 2002 年年底前，基本完成区委、区政府及部分委办局内部办公电子化及网络化，基本实现面向企业和公众的行政审批、管理和服务业务上网；到 2004 年年底建成体系完整、结构合理、宽带传输、互联互通的电子政务网络系统，全面开展网上交互式办公，从而基本实现政务领域信息化。

（2）东城区政务信息化的重点。

东城区政务信息化的重点如下。

➢ 结合机构改革，优化业务工作流程。以转变职能、政务公开、提高工作效率和质量为目的，将工作岗位、业务及其工作流程按照电子政务的要求进行精简优化，使之标准化、规范化。

➢ 依托东城区公用信息平台，利用北京电信的技术和基础设施优势，加快建设政务内部宽带网络，实现政府各行政职能部门的信息网络连接，全面实现东城区政务网的宽带化。

➢ 加快区政府机关内部办公电子化、网络化。2001 年，政府机关下发的文件要求实行双轨制运行方式，即已接入政务网络的单位通过网络传递发送文件，未接入政务网络的单位仍采用原来的交换方式。2002 年年底，取消交换，全部实现政府内部文件通过网络传递发送。

➢ 建立网络会议系统。在宽带网基础上建立政府范围内的会议系统，采用网络会议的形式，提高会议的效率。

➢ 加强政府网站的建设和维护。2001 年上半年完成东城政府网站的全面改版，推出全新网站"数字东城"，全面、准确、及时地向社会公开政务信息。建立网站栏目责任制，做到信息随时变化，不断更新。

➢ 推进网上办公业务的开展。2001 年选择 2 个或 3 个已建成的内部网络办公系统，并且由基础较好的政府职能部门率先开展网上办公。将行政审批项目和审批权限、条件、标准、程序、时限等内容全部上网公开，并在网上开展报税、企业登记、年审、规划项目申报查询等有关行政审批工作。

➢ 重点建设一批与城市建设管理、社会治安、交通环境建设等有关的信息化应用项目。到 2005 年基本完成城市规划管理信息系统、数字公安"金盾工程"系统和重点地区交通诱导系统，整合数字东城社会经济信息资源数据库。

➢ 开发和综合应用各种信息资源。信息资源已经成为与物质、能源同等重要的三大战略资源之一。信息资源的开发和利用是数字东城建设的核心内容。为保证政府履行职责，得到必需的高质量的信息产品和服务，要加强政府信息资源的开发和利用，理顺政府信息收集、交换、共享、分析、处理的体制和机制，明确政府各部门在开发和利用信息资源上的分工，建立一套全区的信息资源开发与利用的机制。

3）北京市东城区城管网格化的基本内容

北京城市管理面临的主要问题包括：信息不及时，管理被动后置；政府管理缺位，专业管理部门职责不清，条块分割；管理方式粗放，习惯于突击式、运动式管理；缺乏有效的监督和评价机制等。针对这些问题，北京市东城区委运用信息技术进行创新，探索出一套城市管理新模式。城市管理新模式的主要内容包括以下 5 个方面：

> 实现管理空间精细化和管理对象精确定位；
> 通过网格化城市管理信息平台，实现城管信息的实时采集传输；
> 采用万米单元网格管理法和城市部件管理法相结合的方式；
> 分离城管监督和管理职能，再造城管工作流程；
> 建立适合城管新模式的评价体系，实现城管的精确、高效和随时随地覆盖。

① 万米单元网格管理法。

单元网格：为实现精确、敏捷管理而划分的基本管理单元。万米单元网格管理法在城管中运用网格地图技术，以大体相当于 1 万平方米的面积为一个独立的管理单元。

根据自然地理布局和行政区划现状，在电子地图上按现状管理、方便管理、管理对象整体性等原则，把全区 25.38 平方千米划分为 1 652 个网格单元，形成 4 个管理层次，明确城管责任人。万米单元网格管理法创建了现代城市管理的最基本单元网格的划分标准，为城管新模式的实施奠定了基础，为将城市管理对象定位到万米单元网格中提供了载体。北京市东城区网格单元层次具体如表 9-1 所示。

表 9-1　北京市东城区网格单元层次

层　　次	层　次　名　称	城管责任人
1	东城区整个区域	区政府
2	东城区 10 个街道	街道办事处
3	东城区 137 个社区	社区居委会
4	东城区 1 652 个网格单元	驻地单位和"门前三包"负责人

② 城市部件管理法。

把物化的城管对象作为城市部件进行管理，通过信息平台进行分类管理。通过地理编码技术，对全部城市部件的 24 种公共设施类（井盖、雨水管道等）、13 种交通设施类（停车咪表、出租车站牌、交通标牌等）、5 种环卫设施类（公共卫生间、垃圾桶等）、7 种绿化设施类、5 种房屋土地类及其他类共计 6 大类 56 种、168 339 个（棵、座、根）、35 319 延米（护栏、自行车停放架等）、426 317 平方米（绿地）进行标注并定位到万米单元网格中。每个部件都被赋予唯一的 8 位代码，输入任一代码，都可通过信息平台找到其名称、现状、数量、归属部门和准确位置等有关信息。这一方法实现了城市管理对象的具体化、数字化及精确定位。

③ 信息采集器——“城管通”。

这是为城管监督员快速采集与传输现场信息研发的专用工具，400 多名监督人员人手一部。以手机为原型开发的“城管通”，装有网格化地图，具备接打电话、短信群呼、信息提示、图片采集、表单填写、位置定位、录音上报、地图浏览、单键拨号、数据同步 10 项主要功能。监督员可通过“城管通”，对发生的问题进行拍照、录音，并将信息发往城管监督中心；也可接收监督中心的指令，对城市部件问题处理情况进行核查，实现信息的实时传输。

④ 两个轴心的城市管理体制。

通过对各部门城管职能的整合，分别建立了城管监控、评价轴心（即监督中心）和指挥、调度、协调轴心（即城市综合管理委员会），将监督和管理职能分开，避免了城管问题发现、处理、核查、监督、考评业务管理部门“一手落”的弊端。监督中心负责城管监督与评价，城管有没有问题由监督中心说了算。监督中心下设 3 个中队辖 10 个分队，每个分队负责管理一个街道。招聘城管监督员 400 多名，每个监督员负责巡查大约 12 个网格单元、18 万平方米和 1 400 个城市部件，每个网格每天都有人巡视四五次以上。

城市综合管理委员会负责城市综合管理和城市市政基础设施、公用事业、环境卫生、城市环境的综合整治，怎么协调处理由指挥中心说了算；指挥中心在市政管理委员会基础上建立而成，负责指挥、调度、协调与城管有关的 27 个专业部门和 10 个街道办事处的有关单位。

⑤ 城市管理流程再造。

根据以上城管模式特点，重新设计工作流程，建立面向流程的组织、人员和岗位结构及激励约束机制。新模式的基本流程如图 9-6 所示。

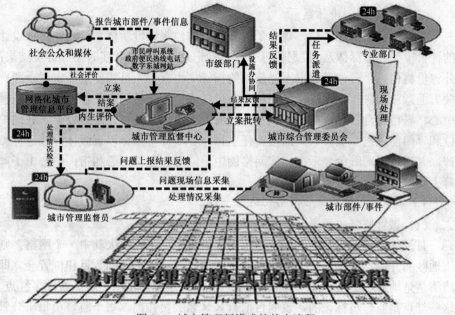

图 9-6　城市管理新模式的基本流程

具体流程如下所示。

➢ 信息收集：每个社区由 1 名监督员负责。监督员借助城管工作手册，不间断巡视分管区域，发现问题立即用"城管通"向监督中心发送图文声音信息报告情况；监督中心也可通过政府便民热线、特别服务电话及"数字东城网站"渠道受理社会公众和媒体反映的问题。

➢ 案卷建立：监督中心获取信息后，立即进行甄别、立案，并将相关案卷批转至城市综合管理委员会的指挥中心。

➢ 任务派遣：指挥中心根据问题归属，立即派遣相关的专业部门到现场进行处理，如果是市属部件发生问题，指挥中心则协调市级部门进行处理。

➢ 任务处理：专业部门派遣专业人员处理，处理完毕向指挥中心报告处理结果。

➢ 处理反馈：由指挥中心将处理结果反馈给监督中心。

➢ 核实结案：监督中心收到反馈结果后，立即通知监督到现场核查，处理结果和现场核查一致则给予结案；不合要求的则退回专业部门进行再处理。

➢ 综合评价：所有案件对应的部门、处理人、处理时间都记录在数据库中，并实时显示在区领导、各专业部门领导的计算机终端上，由这套系统可对相关人员进行业绩考评。

⑥ 创新监督评价体系。

东城区依托信息平台，建立了内外结合的监督评价新体系。内评价按设计的评价模型和指标体系，根据信息平台自动记录数据资料并实时生成评价结果；外评价将信息平台记录数据不能反映的指标交由有关人员按要求征求群众和有关方面意见后进行主观评价。评价对象包括城管监督员、专业管理部门、监督中心、城市综合管理委员会，以及区政府、街道办事处、社区居委会、驻地单位和"门前三包"负责人共四级责任主体。各项评价指标以五级计分法进行测评，并通过不同颜色显示在相应网格图中，同时在监督中心和指挥中心电子屏幕上实时公布。

4) 北京市东城区城管网格化运行平台

(1) 城管监督中心平台。

打开城市管理监督中心的电子地图大屏幕，单击、放大其中一个网格，则该地区的井盖、树木、公共活动设施、宣传栏等城市部件的数目和位置会立即清清楚楚地显示出来。重新刷新屏幕，可见万米单元网格图上闪烁着许多红点，这些红点是监督员标记的，表明目前有××名人员在岗。每个监督员每班分管10 多个网格，大概 18 万平方米和 1 400 个城市部件。管理监督员对所分管的网格实施全时段监控。单击其中一个红点，屏幕上便清楚地显示出正在上岗的监督员×××，紧接着×××的工作记录也一一显现出来。"城管通"的 GPS 定位每 15 分钟刷新一次，可把城管员的个人资料、位置、巡查轨迹等内容显示在监督中心的大屏幕上。全区共有 400 多名城管监督员在各自负责的网格单元内轮班进行全时段监控，当发现问题或接到居民举报时，即可在第一时间、第一现场将信息发送到城市管理监督中心。居民生活中的各种事件，如井盖丢失、公共设施损坏、垃圾渣土堆积、占道经营、无照游商、小广告等问题都可在短至数秒内反馈给监督和指挥中心，然后在一天内基本得以被解决。

(2) 城管指挥中心平台。

将屏幕切回指挥中心，可看到指挥中心现负责协调原有涉及城管工作的 27个专业部门和 10 个街道的城建科、爱卫会等，并在内部新组建了设施办，专门负责与市相关部门的协调。指挥中心处理的案件也有分类：绿图表明该案件未超处理时限，黄图表明已经到处理时限，红图表明已经超过处理时限。如果案件派出 1 小时后专业部门仍未处理，指挥中心将打电话督促其进行处理。

该套系统已能将时间精确到秒。其大屏幕可以显示每一天每一项问题解决的进度表。从接收信息举报到监督中心监督员核查完成，对所有时段里的办事人员，该系统都有精确记载。东城区下一步准备将这套系统运用到社会治安综合治理、公共安全、社会保障、社区卫生等领域。

（3）北京市东城区城管网格化技术基础。

整个项目投资 1 680 万元，对一般的城市建设管理部门而言不算太大的投入，该项目中首创的城市管理地理编码和部件精细管理法填补了国内空白。专家们认为该项目最具价值之处不在于采用了多新的技术，而在于对各种成熟技术进行整合，将其行之有效地应用于城市管理。整个项目的开发，东城区共借助了 14 家各类技术服务公司的力量。

① 城市管理部件数字化。

专业测绘队对全区 16 万多个城市管理部件进行地毯式梳理，整理出了包括名称、用途、所属部门、所在街道和万米单元的定位、使用状况等众多属性在内的基础数据。

② "城管通"应用系统。

在多普达手机平台上，通过与软件公司的合作，开发了"城管通"应用系统，使这个"城管通"手机具备了短信群呼、信息提示、图片采集、表单填写、位置定位、录音上报、地图浏览、数据同步等多项功能。城市管理监督员可以利用它对现场信息进行快速的采集与传送。

③ 手机 GPS 定位技术。

通过移动梦网提供 GPS 定位技术，该项目实现了城市管理问题的精确定位和对监督员的科学管理。

④ 光纤传输通道。

该项目通过从中国移动租用的 3M 光纤通道、专用坐席和 13910001000 特服号码，专门接收各个城管通的上报案件；利用区政府原有办公专网，将上报来的信息分类发送至相关专业部门，并跟踪每个案件的处理结果。

据了解，整个项目中软件开发方面的投入约为 400 万元，硬件系统方面的投入约为 500 万元，城管通开发方面的投入约为 100 万元，其中最耗时费力的环节应该是城市部件的基础数据的收集与整理。

5）北京市东城区城管网格化专题图集

国家基础地理信息中心协助北京市东城区委、区政府《依托数字城市技术创建城市管理新模式》课题组制作了一套与课题相配套的专题图集，由三部分组成：北京市东东城区万米单元网格图集，北京市东城区城市部件分布图集，北京市东城区平房现状分布图集。

（1）北京市东城区万米单元网格图集。

该图集主要针对东城区课题组提出，采用万米单元网格管理法和城市部件管理法相结合的城市管理新模式，运用空间网格技术，将东城区划分为 1 652

个万米单元网，以万米单元网格为单位，对东城区城市部件实行现代化网络精确管理。图集详细标示了东城区全区、街道办事处、社区和万米单元四级区域的分布与空间地理位置，同时配以表格表示东城区全区总面积、所辖各街道办事处、社区面积及每一个社区所含万米单元数量等。

（2）北京市东城区城市部件分布图集。

该图集在万米单元网格图集基础上，以社区为单位详细标示出了东城区的137个社区，每个社区的6大类共56种城市部件（城内公用设施，如井盖、垃圾桶、公厕、广告牌、树木、邮箱等）的空间地理分布。

（1）和（2）图集相辅相成，是东城区实现城市部件精细化管理的工具，可使东城区各级政府从宏观到微观掌握区内城市部件分布的详细情况（可快捷、直观了解四级区域划分状况和各级区域内城市部件的分布）。万米单元城管员也可凭此精确管理单元中的城市部件。

（3）北京市东城区平房现状分布图集。

该图集主要是配合东城区政府全面了解东城区危旧平房现状，为风貌保护与危旧房修缮及改善旧城区内居民住房状况、探索保护与改造思路而编制的专题地图集。本套图集详细标示了东城区范围内所有居住院落、平房、简易楼、中式楼和地下室的3种权属（直管公房、单位自管产、私房）和5种质量（完好、一般完好、一般破损、严重破损、危险）状况，为东城区委、区政府全面了解东城区危旧平房分布现状提供了详细、直观、可靠的资料。

6）北京市东城区城管网格化实施成果

（1）提高城管效率。东城区新旧城管模式效率比较如表9-2所示。

表9-2　东城区新旧城管模式效率比较

指　　标	城管新模式	传统城管模式
城管问题发现率（政府系统）	≥90%	30%
任务派遣准确率	98%	—
问题处理率	90.09%	—
问题平均处理时间	13.1小时	1周左右
结案率	89.78%	—
平均每周处理问题	360件左右	500～600件

（2）降低城管成本。

新模式节约了大量人力、物力、财力。城管监督员对万米单元进行不间断巡视，各专业部门巡查人员相应减少 10%左右，并节约了有关车辆成本及外出补贴、误餐费、车辆汽油费、保养费、维修费等巡查成本；问题定位精确、任务派遣准确且城管统一指挥、监督，各专业部门问题处理成本降低；城市部件破损、丢失数量相对减少，自来水管漏水等能被及时发现，城市部件维修、重置费用等也降低。初步测算实行网格化管理后 5 年内，通过运行新模式，东城区每年可节约城管资金 4 400 万元左右，而迄今为止的城管新模式投资仅为 1 680 万元。

（3）实现城管的精耕细作。

通过分离城管监督和管理职能，创立问题受理和处理统一信息平台，从体制上解决了职责交叉、推诿扯皮、多头管理等"政府失灵"问题，再造了城管新流程，充分发挥了信息技术优势，实现了城管的高效、敏捷、精确运作。

（4）实现市民与政府的良性互动。

城管监督员深入大街小巷，对所分管万米单元实施全时段监控；城管监督员与社区居民零距离接触和征求意见，收集社区居民身边的问题和不便，使居民身边的"琐事"成为政府案头的大事，激发了居民参与城管的热情，形成了市民与政府良性互动、共管城市的格局。

 本章知识小结

本章在介绍数字化社区时主要介绍了数字化社区的概念、数字化社区的基本功能及管理模式，并用案例展示了我国数字化社区发展的现状。在网格化管理方面，本章主要介绍了网格化管理的基本特征和网格化管理流程，并结合东城区网格化管理给予了说明。

 思考题

1. 数字化社区的定义是什么？
2. 数字化社区系统的基本组成是什么？
3. 网格化管理的基本特征有哪些？
4. 网格化管理流程是什么？
5. 东城区网格化管理具备什么样的基础设施？

参 考 文 献

[1] 黄宏山. 数字化社区将成为电子政务和电子商务的重要补充. 数码世界. 2005（9）.

[2] 傅萍婷. 国内学术界关于数字化社区研究综述. 电子政务，2008，（7）：67-71.

[3] 陈滢. 论和谐社会中数字化社区建设. 特区经济，2007：132-133.

[4] 孙中伟，王杨等. 数字化社区的界定、层次体系、建设模式研究. 石家庄学院学报. 2007，9（6）：83-89.

[5] 徐克祥. 数字化社区. 北京：北京大学出版社，2005.

[6] 刘永祥，汤俊，李晖. 电子政务. 武汉：武汉大学出版社，2007.

[7] 孟国庆，樊博. 电子政务理论与实践. 北京：清华大学出版社，2006.

[8] 池忠仁，王浣尘. 网格化管理与信息距离理论. 上海：上海交通大学出版社，2008.

[9] 白新，魏智光，唐玮，盛鸿宇. 电子政务管理与实务. 北京：科学出版社，2007.

[10] 王喜，范祝生，杨华，张超. 现代城市管理新模式：城市网格化管理综述. 人文地理，2007，（3）：116-119.

第⑩章

应 急 管 理

本章内容：
应急管理概述
应急管理体系
应急通信与网络管理

10.1　应急管理概述

应急管理得到社会的普遍关注源于其所应对的客体——突发事件不断地出现。实际上，各种各样的意外事故和突发灾难在人类社会演进的过程中并不罕见。从某种意义上说，人类的整个文明史就是灾难史和灾难应对发展史。

10.1.1　突发事件的相关概念

1．突发事件的定义

"突发事件"对应的英文为"Emergency"，是指突然、意外地发生，必须立即处理的事件。在我国，根据 2007 年 11 月 1 日正式实施的《中华人民共和国突发事件应对法》的规定，"突发事件"是指突然发生，造成或者可能造成严重社会危害，需要采取应急处理措施予以应对的自然灾害、事故灾难、公共卫生事件和社会安全事件。该法同时规定，按照社会程度、影响范围等因素，自然灾害、事故灾难、公共卫生事件和社会安全事件分为特别重大、重大、较大和一般四级。对政府而言，"突发事件"特指政府公共管理领域所遭遇的紧急情况，要求政府迅速做出决断，并需要付出代价才能摆脱困境的一系列事件。

从广义上来看，突发事件包含一切突然发生的危害人民生命财产安全、直接给社会造成严重后果和影响的事件，既包括人为因素造成的，也包括自然因素造成的。从频繁出现的网络袭击到伤亡惨重的恐怖袭击，从生产、交通事故到洪涝灾害，从城市到乡村，林林总总，不一而足。可以说，影响人身安全、食品安全、生态安全、环境安全、国家安全和社会稳定的自然、生产、卫生、金融、政治、经济等各种类型的突发事件几乎每天都在发生，很多突发事件都会造成重大的损失，产生巨大的影响。

2．突发事件的基本特点

突发事件从发生、发展的一般规律来看，有以下几个方面的基本特点。

1）突发性

突发事件首要的特点是具有"突发性"，往往在不经意中出现。它的发生虽然是有原因的，也可能会有一些征兆，但是其发生带有很强的随机性，爆发突然，一般很难预料，而且蔓延迅速，始终处于急速变化之中，具有动态的、多维的，而不是静态的、一维的关系。例如，地震事件，到目前为止，人类还无法对其做出准确有效的预测预警，防范的难度非常大；又如交通事故，几乎每天都有人员在交通事故中伤亡，但谁也无法预测在什么时候、在什么地方会发生什么样的事故。

2）扩散性

突发事件容易引发连锁反应，且事件本身会不断扩大。例如，急性传染病、化学生物武器袭击、核泄漏等，如果它们不能得到及时处置，事件会迅速扩散，成为波及面广泛的重大危害事件，进一步威胁人民群众的生命财产安全。又如化学危险品泄漏，如果它们危及水源地而不能得到有效的处置可能会形成灾难性的后果。与此同时，突发事件的发生，特别是重大突发事件的出现，容易引起人们的恐慌心理，导致其行为失常，这有可能使突发事件演变成一场危机，给经济、社会、人民群众的生活带来长期性的负面影响。

3）不确定性

一般情况下，人们在一开始很难对突发事件的形成、发展、演变给出一个非常明确的客观判断，因为突发事件具有很强的不确定性。例如，当 SARS 疫情发生后，由于人们对这种疾病缺乏了解，且对其形成的原因、传染的方式均没有明确的认知，对未来发展方向的认识基本不确定，所以导致其影响面越来越大，造成的危害越来越严重。

4）发展变化的两重性

突发事件常常又被称为"危机"，"危机"实际上包含了两层意思——"危险"与"机遇"并存。如果处理不好，突发事件必然会给人民群众的生命财产安全带来重大损失，给经济社会的发展带来重大的负面影响，甚至还会引起社会动荡或者政治灾难；如果处理得当，不但可以减少生命财产的损失，还可能化危险为机遇，赢得新的发展机会。虽然重大突发事件的发生会把一些长期潜伏的问题一下子暴露出来，对政府的公信力产生消极影响，如 SARS 事件的出现使得我国公共卫生体系建设中存在的各种问题充分暴露，但也为认识和了解这些问题提供了好的机遇。因此，对于富有改革精神的领导人来说，冷静细致、积极大胆地处理重大突发事件是重新赢得人民信任、加快革新的最佳时机。对一个国家或民族来说，以突发事件为契机，可以进一步凝聚人心，有力地推动社会结构和功能的调整，促进经济、社会健康、有序、快速地发展。

3．突发事件的生命周期

突发事件的发生往往是事物的内在矛盾由量的积累到质的飞跃的过程，是质的突变。它从生成到化解一般要经历四个阶段，即潜伏期、爆发期、持续期、善后恢复期。

1）潜伏期

潜伏期也就是突发事件的酝酿形成时期，它是与突发事件相关的各种因素相互作用、由量变累积到质变的能量积累的时期。毫无疑问，这一时期是制止突发事件发生的最佳时期。但是由于处于潜伏期时，各种征兆不太明显，不易察觉，决策者如果没有很强的危机意识，将很难察觉到危机的来临，很难将其消除在萌芽之中。如果广大人民群众都具有比较高的危机意识和风险识别能力，那么全社会防范和应对各种突发事件的水平必将会得到实质性的提升。

2）爆发期

爆发期是突发事件由隐性转为显性并快速扩散的时期，是形成重大危害的关键时期。这个阶段的时间一般很短，但对社会的冲击非常大。进入爆发期后，事件急速发展，事态不断升级，形势变得十分严峻，公众和媒体对事件的关注程度会越来越高，决策者面临的压力也会越来越大。面对严峻的考验，决策者需要冷静、果断、大胆、细致地行事，避免事态的进一步恶化。一般来说，每一起突发事件的发生都会有一个爆发期，只不过存在时间长短、危害大小的差异而已。因此，降低危害、缩短爆发时间是这一阶段的首要任务。

3）持续期

持续期也是突发事件的蔓延期，延续的时间长短不一。在这个时期，突发事件得到了初步的控制，其演进的速度有所放缓，但是其所带来的影响仍然在进一步扩散。随着事件的进一步发展，将对决策者的判断力和公众的承受力、政府部门的应对能力提出全面的考验。例如，一场有重大伤亡的地震事件发生过后，伤残人员的救治、罹难人员的处置、现场交通的恢复等都需要大量的人力、物力的投入，并且会延续比较长的时间。

4）善后恢复期

善后恢复期是指突发事件引发的危机逐渐缓解，引发危机的因素得以解除，原有的系统得到恢复或者重新回归正常状态的时期。在这一时期，政府和社会各方将开始全面的灾后恢复重建工作，包括恢复正常的社会秩序、重建损坏的各种设施、社会心理救治、救灾物资的发放等。一般这一阶段延续的时间比较长，参与面也会比较广，对进一步提高突发事件应对能力的作用也比较大。

总体上看，突发事件的发生、发展、处置和善后过程，犹如一个"烧开水"的过程，包括从慢慢烧水的"潜伏期"到水烧开至沸腾的爆发期，再到火被控制的持续期，最后到火被熄灭、开水慢慢冷却的善后恢复期。各个时期都有各自不同的特点，不同阶段应采取的应对策略自然也各不相同。

10.1.2　应急管理的相关概念

"应急管理"是一个与"突发事件"相伴生的概念，两者互为依存，共同形成一对矛盾的正反面。

1. 应急管理的定义

"应急"对应的英文为"Response",包含响应、应对、应变等含义。它是指当社会出现突发事件时,政府必须采取有效措施进行快速应对,以将突发事件对社会的影响程度降到最低限度。政府应采取的措施包括:制定预案并有效监控、防御突发事件的扩散;准备、动员和整合社会资源,调集社会各方面力量共同处置突发事件;启动政府各部门的应急职能,组织指挥突发事件的处理;在危机处置过程中及时回应公众请求、满足社会需求、维护公私利益和社会秩序;对突发事件进行评估,处理善后事宜,恢复正常秩序等。突发事件的应急需要相应的硬件和软件做支撑,前者主要指应急信息系统,后者主要指应急协调管理机制。

2. 应急管理的四个阶段

一个完整的应急管理流程一般包括减灾、备灾、应急和灾后恢复四个阶段,不同类型和规模的突发事件的每个阶段都有不同的特点,但基本都可用应急管理四阶段模型进行分析。

1)应急管理四阶段模型图

应急管理所包含的减灾、备灾、应急和灾后恢复四个阶段,构成了应急管理的一个完整的突发事件应急周期,这一周期可用如图 10-1 所示的模型图来表示。

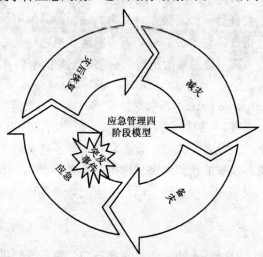

图 10-1　应急管理四阶段模型图

从把握突发事件四个阶段的不同特点入手,可以有效提高防范和应对各类突发事件的能力。因此,加强对应急管理四阶段模型的研究和应用有着重要的理论价值和实践意义。

2）减灾阶段

减灾阶段（Mitigation Phase）是应急管理全过程的起点阶段，其主要任务是减少危害发生的机会及采取能够避免使危害演变成灾害的活动，包括能够阻止灾害的发生、或减少灾害的发生机会、或减少不可避免的灾害所造成的破坏性影响的任何活动，涉及以避免（预防）或限制（减轻和防备）自然危害和相关环境和技术危害的负面影响为目的的多种措施，如制定城市/乡镇/校区规划和建筑法规，加强土地养护和水土保护等。此外，这一阶段的任务还包括准备基础数据，开发用于分析、指示风险的模型（通常是基于地图的），进行灾害评估及对社区的脆弱性进行诊断等。

减灾阶段的各项活动并没有严格的时序要求，但作为一项基础性的工作，它关系到应急管理的全局，因此需要深入细致和扎实有效地推进。

3）备灾阶段

备灾阶段（Preparedness Phase）的任务是可能到来的灾害事件进行相应的准备，包括为拯救生命财产和有助于应急响应和救助服务而制订的计划或准备工作。其具体的活动既包括应急救援工作所需的后勤支援、供应和资源管理，也包括灾害预警和灾害发生之前的监测、监控活动。

备灾阶段的重要任务是提高公众对灾害的认知，并能引导公众积极响应预警系统的各种预警指令；对各种避难场所和撤离线路进行精心部署和安排，并通过适当的演练，为灾害应急时的正式响应做好充分的准备。

4）应急阶段

应急阶段（Response Phase）是应对特定突发事件的关键阶段，主要包括营救生命和防止财产损害，保护紧急情况或者灾难发生时的环境等一系列的行动。

应急阶段由于涉及众多的人员、设备和物资等各种资源，所以在非常紧急的条件下进行有机和高效的组织协调显得十分重要，也极为困难。应急阶段的时间长短与灾害的类型和发生规模，以及灾害应急的各种资源保障条件等都有着重大的关系。

5）灾后恢复阶段

灾后恢复阶段（Recovery Phase）是灾害应急结束后开始进入的一个新的阶段，具体包括灾后协助社区回到正常状态的所有行动。

灾后恢复往往是一个长期的过程，不但需要充分调集人员、物资等资源，还需要对重建进行规划和设计，并对灾后重建的全过程进行全面、系统的管理。

10.1.3　突发事件与应急管理的机理分析

突发事件不同，决定了人们所采用的应急管理方法也千差万别。由于目前突发事件种类繁多，所以人们较多针对每个突发事件进行一一研究，而较少对突发事件的共性进行分析，找出一般性机理。

1．机理体系的逻辑关系

"机理"指的是事物所遵循的内在逻辑规律。对于突发事件来说，分析清楚事件的机理，就可以找到事件的源头，发现事件形成的规律和事件发展的动力，以便在应急管理中找到相应的应对策略。

机理分析是开展应急管理的基础。一旦掌握了突发事件的内在机理，在灾难发生后才可以做出迅速、有效的反应，采取尽可能合理的应对措施，达到处理突发事件、减少损失的最终目的。

机理的发现源于对各种实际突发事件的演化过程及应急管理全生命周期的观察、总结和抽象。它可以揭示突发事件及应急管理的原则性、原理性、流程性、操作性机理特征与具体的表现形式。分析突发事件的机理，可以找到促成事件发生的风险因素，发现事件形成的规律和事件发展的动力，分析事件在每一步的发展方向，指导人们在应急过程中掌握更多的有效消息，找到更加合适的应急策略。同埋，分析应急管理的机理，可以获知合理的应急管理工作所应具有的一般步骤，理清条理，抓住工作重点，在时间有限、技术有限的条件下采取相对最有效的应对方案。

突发事件的一般性机理，或者称为管理类机理，指研究突发事件发生、发展与演化的一般性规律。它又可以分为原则性机理、原理性机理、流程性机理和操作性机理四个不同的类别。

类似地，应急管理的一般性机理也包含这四个类型。其中，原则性机理是指对特征的简单描述；原理性机理则对整个事件过程和应急过程的规律性进行刻画；流程性机理说明突发事件和应急处置过程的前后逻辑，是一个最优的过程；而操作性机理在流程性机理的基础上，考虑到各种实际存在的约束，给出的是一套突发事件的应急管理的规律性表达。

目前，人们对于突发事件及应急管理的认识还多停留在原则性机理的层面，对于事件发生、发展及演化的规律还没有完全搞清楚，而在具体的应急实践层面，则只是制定了很多流程性的所谓的最优应急对策，但却无视在应急中可能出现的各种约束，在操作性问题上没有解决本质的问题。

突发事件与应急管理的机理之间存在着很强的逻辑性，机理体系的逻辑图如图 10-2 所示。

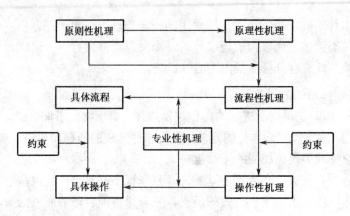

图 10-2　机理体系的逻辑图

原则性机理概括了突发事件与应急管理的特征，因此是整个机理体系的根基，也是相对简单的一部分。明确了各种特征之后，研究突发事件与应急管理从开始到结束的全过程，总结其一般规律，可得到原理性机理。在此基础上更深入探寻事件与应急管理过程每个环节的前后联系，以及在理想状态下每种状态出现的原因和可能引发的后果，就可得到流程性机理。以流程性机理为基础，加入现实中的各种约束，就得到操作性机理。不同的是，对突发事件的约束是可能对事件下一步发展产生影响的外部环境，以及为应对事件而人为采取的应急措施；对应急管理的约束则是可用资源、交通条件、时间、成本和技术条件等。这些都是一般性的理论，适用于每一类突发事件及其应对过程。

2．一般性机理

如前所述，一般性机理分为四个组成部分，即原则性机理、原理性机理、流程性机理及操作性机理。下面进行具体介绍。

1）原则性机理

原则性机理是对突发事件特征的简单描述。一般地，对于突发事件的原则性机理，可以用突然性、茫然性、必然性、偶然性这四个词来描述。相应地，应急管理也有其原则性机理，包括快速启动性、探索尝试性、有效遏制性、动态博弈性，如图 10-3 所示。

突然性是对突发事件在时间方面的描述，是指事件的爆发通常是一个很短的过程，出乎人们的意料。由于事件的发生过于突然，人们往往也没有做好充分的应对准备，所以为了最大限度地降低损失，控制影响范围，人们必须迅速做出反应，在第一时间启动相应的预案或采取其他恰当的手段。这就是应急管理的快速启动性。

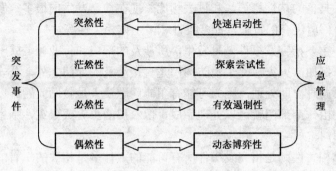

图 10-3　原则性机理图

茫然性是指信息的不完全性或高度缺失性，它在一定程度上是由突然性决定的。信息的高度缺失一方面指在事件出现时，人们除了知道事件正在发生这一事实之外，对事件爆发的原因、影响到的人群规模和具体结构组成都不清楚；另一方面，人们也对应该采取怎样的手段阻止事件的发展和演化等缺乏必要的认知。因此，人们所采取的每一项措施都具有探索性。相应的，应急管理的过程就是一个不断尝试、不断探索、不断总结的过程。

必然性是指客体——灾害本身的发展有其不以人的意志为转移的成分，而应急的主体也同样有运行和发展的客观规律性。虽然在事件发生时，人们需要掌握的信息高度缺失，但是发生事件的载体有自身的内在规律，即在什么条件下会造成风险因素的不断积聚，在怎样的情况下会诱发事件的爆发，以及这样的爆发又会沿着怎样的路径去发展演化，其背后都有一定的规律可循。也就是说，事件的发生发展具有其内在的必然性。从应对的角度说，知道应急主体的内在规律性，人们所采取的措施就有据可循，就更容易抓住事件的主要矛盾，从而有效遏制事态的进一步发展。也就是说，事件的必然性特征是应急管理的有效遏制性的先决条件。

偶然性是指事件的发展演化过程是人们难以预见的。虽然应急主体都有其内在规律性，朝着什么方向发展不是随心所欲的，但是由于人们对于这种规律性的了解非常有限，所以事件呈现给人们的情况纷繁复杂，难以预料，并且在每一个状态人们所采取的措施又会对事件的下一步发展产生影响。因此，事件的发展存在很多种可能，而究竟向哪一种情况发展存在一定的偶然性。人们必须根据实际情况的变化不断调整应对方案。事件的发展与应对措施之间相互影响、相互制约，因此应急管理具有动态博弈性。

同样地，还可以描述突发事件更多的特征，如蔓延性、危害性等。以上都是突发事件具备的共性特征。和过去相比，现在社会发生的很多突发事件具备以往突发事件所没有的特征，如多维性、多主体相关性等。

多维性主要指突发事件一旦发生，所涉及的部门和行业领域就不止一个，而是多个。例如，火灾，除了消防部门是直接涉及的部门之外，公安、医院等往往也需要同时协助处理，因为可能有犯罪问题及人员救助问题。以往的很多突发事件则由一个部门就可以处理完成，像农田的虫灾或鼠灾，基本只涉及农业这一个部门。

多主体相关性则是指突发事件所有可能的主体多是相关的，有的是两两相关，有的则是多个主体之间相互存在相关关系。在这样的多主体关系下，应急管理会更加复杂。一般地，一个突发公共事件会涉及以下主体。

（1）受灾人群：被灾害直接或间接伤及的人群。

（2）政府：可以是中央政府和地方政府，负责应急管理的宏观层面的工作。

（3）应急处置人员：负责应急管理的具体工作的人员，如消防人员之于火灾事件。

（4）专家：包括行业领域专家和应急管理专家、资金专家等。

（5）民间组织：非政府组织（NGO）、专业性学会协会、因灾害临时性成立的组织。

（6）物资供应商：包括必要的食品、药品、救灾物资及其他所需物资的供应者，如超市、生产厂商等。

（7）社会公众：因为灾害而在生活、工作中受到影响的人群，或关注灾害的人群。

（8）媒体：一般会报道灾害的情况，包括网络、电视、平面媒体等。

因为突发事件还强调"公共"一词，所以其特征还应该包括公众性。公众性强调的是受灾或受影响人群的规模不是个体，而是群体，且群体间存在一定的社会关系。例如，突发事件的发生会对公众的心理产生巨大的影响，在灾害中，群体心理现象的表现一般是恐慌。恐慌心理会导致一些非理性行为的展开。

突发事件有其内在规律性特征，类似地，其所对应的概念——应急管理也有自身的规律性。上面对应突发事件的几个特性总结出的"快速启动性、探索尝试性、有效遏制性、动态博弈性"都属于应急管理的原则性机理，它同时还包括及时性、复杂性、网络性、有限性等。这些都属于在进行应急管理的过程中需要遵从的原则性的规定。此外，应急管理的原则性机理还可以包括人本性、层次性、多主体性和反馈性等。

　　以上所列举的每一个特性都可以在现实中找到一些例子说明其在应急管理中的必要性和价值。其中，有些特性和突发事件的内在机理是对应的；而有些则是应急管理所独有的机理。例如，"人本性"就是指要在具体的应急实践中"以人为本"，而不是"以物为本"，且所要投入的资源和采取的应急策略都应该紧紧围绕着灾害中的人进行。

　　2）原理性机理

　　原理性机理刻画了突发事件和应急管理的整个过程的规律性。对于原理性机理，可将其划分成两个先后相继的阶段：一个是单事件阶段；另一个则是多事件阶段。

　　（1）突发事件的原理性机理。

　　在单事件阶段中，可把机理体系分成两个部分，也是前后相继的过程：第一个是发生机理；第二个是发展机理。突发事件的原理性机理如图 10-4 所示。

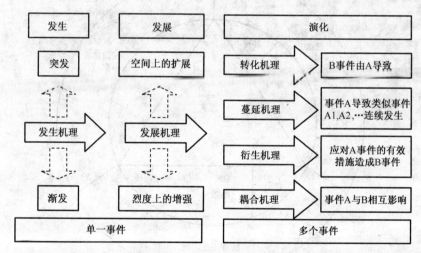

图 10-4　突发事件的原理性机理

　　发生机理又分成突发和渐发两个不同类型，区别主要在于是否事先掌握了事件要发生的信息，如果事先知道，则认为是渐发，否则就称为突发。

　　发展机理则分别按照空间上的扩展和烈度上的增强来进行区分。对应于火灾，空间上的扩展可以是从一座楼烧到另外一座楼，而烈度上的增强则可以是火势由小变大。

　　由于一个事件的发生一方面可能是由其他事件诱发的，另一方面则可能会造成更多的事件，所以对于多事件之间存在的这种关系，可用"演化"一词概括。

　　进一步细分，则可分为"转化"、"蔓延"、"衍生"、"耦合"四个不同的机理模式。其中，"转化"是指 B 事件的发生是由 A 事件引发的，如室内的火灾引发建筑物门口的挤踏。而"蔓延"机理则主要说明的是同类灾害不断发生，如航班的延误、火车的误点等，往往一个延误会带来一连串的延误。

　　"衍生"的意思与平素理解的稍微有些差异，这里主要指因为应对某个事件采取的一些积极措施会造成另外的事件，很可能后面这个事件比前一个还要严重。例如，SARS 期间有不少人注射激素，后来在这批人中，大面积股骨头坏死的现象比较多，这应该就属于积极措施带来消极效果的情况。

　　"耦合"机理是指两个或两个以上因素共同作用导致突发事件进一步加剧。2008 年的中国南方雪灾就是多种因素耦合在一起发生的事件。图 10-5 列举了多个在该灾害中发挥消极作用的耦合因素。

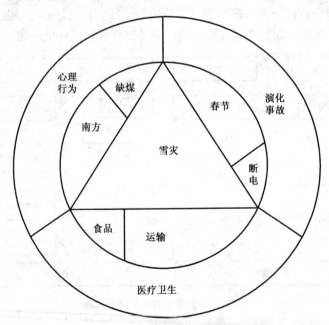

图 10-5　2008 年中国南方雪灾的耦合因素

　　具体而言，雪灾包含如下主要耦合因素。

　　① 雪灾发生的区域：不是传统的北方，而是南方大多数省市区，那里缺乏北方的防雪、防低温的设施和准备。

　　② 雪灾发生的时间：春节前后。此时，包括公路、铁路、民航、水运在内的运输部门正在组织运送上亿的人员返家过年。

③ 城市及运输系统的重要基础——电力系统首先受灾：电力系统的崩溃会导致运输中断、无法取暖、无法烹煮和加热食品，乃至无法进行医疗手术。

④ 资源瞬时短缺：缺油、缺煤、断水。这些都属于由以上事件演化产生的事件，直接影响到所有人的正常生活。

这些耦合因素的存在，一下子造成灾害的无限扩大，使影响面在短时间内由局部扩展到全局，以致最后几乎不可收拾。

（2）应急管理的原理性机理。

突发事件的原理性机理包括事件发生、发展和演化三个环节。相应地，每个突发事件的原理性机理都对应着应急管理的策略。所要采取的应急对策就是与发生机理相对应的过程阻断、与发展机理相对应的终止隔断，以及与演化机理相对应的路径控制、策略评价、择优选择、解耦等环节。具体的应急管理的原理性机理如图 10-6 所示。

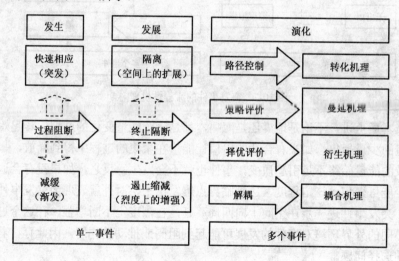

图 10-6　应急管理的原理性机理

例如，针对突发事件的蔓延机理，应该采取"策略评价"的应急管理机理。蔓延是指一个事件出现后不断会有类似事件发生，如果这样的情况是可以预见到的，有时对第一个突发事件采取听之任之的态度更合适一些。在这样的考虑之下，使用了"策略评价"这样的一个词。

3）流程性机理

流程性机理一方面说明了事件发生发展的前后逻辑顺序，另一方面也说明了处置过程中需要遵从的逻辑性。类似于原理性机理，同样可以将流程性机理分成突发事件与应急管理两大部分。

（1）突发事件的流程性机理。

突发事件从发生到结束始终是一个理性选择的过程，它沿着最优路径逐步发展，消耗最少的能量，使灾害达到最大化。突发事件的流程性机理和原理性机理之间存在着十分密切的联系，如图 10-7 所示。

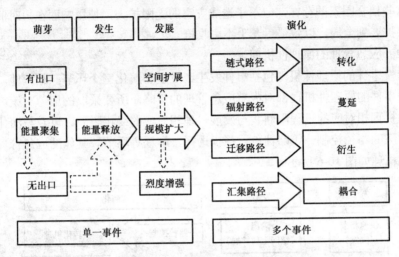

图 10-7　突发事件的流程性机理

从本质上讲，不论是地震还是海啸，都是一个能量变化的过程。其起始点是能量的少量聚集，如果有合适的出口让能量在聚集的过程中得到释放，那么未释放的能量始终不足引起质变，事件也就不会发生。反之，如果没有合适的出口，能量聚集到一定程度，达到临界点爆发出来，对外就表现为突发事件的发生。突发事件进一步在空间上向四周蔓延，在烈度上不断增强，在这个过程中，不同的外界环境对事件的发展可能起到阻碍或推动的作用，因此存在着对路径的选择问题。

根据路径的特征，路径可以分为链式、辐射、迁移、汇集这四种最基本的形式。它们分别对应突发事件原理中的转化、蔓延、衍生与耦合。例如，由地震引发海啸进而引发人员伤亡就是链式的路径；地震会同时导致人员死亡、环境破坏、社会心理恐慌等次生事件，这是多个链式路径的复合，进而会形成树状或网状路径。辐射路径是指以一个事件为中心点，引发其他相似的事件的路径，如一次强震带来的周边地区的多次余震。不管路径为哪种形式，其共同特点都是以最少的能量消耗造成最大的损失。

如果一次灾害事件没有引发其他次生灾害，能量释放到一定程度就会逐渐减少，甚至消失，由此表现为突发事件的结束。如果在路径选择的过程中引发了其他灾害，则后来发生的这些灾害遵循类似的发生发展和路径选择过程，直到缓解衰退，最后全部结束。

（2）应急管理的流程性机理。

应急管理的流程性机理与突发事件的流程性机理在每个环节上一一对应。如图 10-8 右侧所示为应急管理的流程性机理。

如果成功预警，即发现了能量的逐渐聚集。此时需要采取的措施是阻止能量的聚集或改变事件发生的临界点，二者的目的都是使能量无法达到临界点，从而将可能发生的事件扼杀在萌芽状态。

事件发生之后，大量的能量释放，其规模进一步扩大，接下来它将要进行路径选择。为了阻止灾害的蔓延和转化，应当从源头、传播路径和易感物 3 个方面采取措施。在源头，应用相应的物体去中和灾害的能量，控制事态的发展，如消防队用水枪等扑灭大火。另外两个措施是切断路径和转移易感物。例如，在非典期间，一方面对患者进行隔离，使病毒无法传播；另一方面保护易感人群，使其远离传染源。

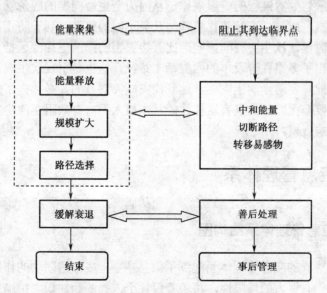

图 10-8　突发事件与应急管理的流程性机理图

如果措施有效，则突发事件的发展势头会逐渐减弱。经过必要的善后处理之后，就可以进入事后管理阶段，即修正错误以有利于应对下一次灾害。如果引发了其他灾害，由突发事件的流程性机理可以知道，这些灾害会遵循相似的发生发展和路径选择的过程，因此应急管理的流程性机理也遵循与上面类似的处理过程，直到最后灾害结束，采取善后措施，进入事后管理阶段。

4）操作性机理

除了上述机理之外，突发事件还有操作性机理。它以流程性机理为基础，但是由于实际情况并不是处在理想状态中，存在着种种约束（如火灾中存在有风和无风的情况，有风时风的大小和方向的限制都是一种约束），而且人们也在采取各种应急措施，所以突发事件只能在各种限制条件下寻找相对优的路径，使灾害最大化。

类似地，应急管理的操作性机理从开始到结束的每一步也存在着各种约束，因为人们所能采取的措施不是随心所欲的，必然会受到可用资源、地理环境、交通状况、事件、技术条件等多种因素的制约，所以很多环节可能是在现有条件下根本无法实现的。

总结以上关于一般性机理的阐述，不难发现分析突发事件与应急管理机理体系具有很强的实际意义。它从多个角度刻画了事件从萌芽、发生到减缓、结束的整个过程，并对该过程中每个环节的规律性都进行了较为细致地探索，同时还总结了应急处置过程的一般规律，从而为全生命周期的应急管理提供了必要的理论依据。此外，了解演化机理与几类不同的路径有利于防止次生灾害的发生。很多时候，次生灾害的影响远比直接灾害的影响更加深远持久。在流程性机理中给出了多事件阶段中的四类基本路径，这也是引发次生灾害的四类基本情形。因此，要防止次生灾害，达到控灾减灾的目的，必须先了解次生灾害的发生原因及演化路径，只有这样才能从本质入手，有效阻止次生灾害的发生或控制其影响规模。

10.2　应急管理体系

10.2.1　应急管理体系结构图

我国已建立的应急管理体系起到了信息共享、多部门联动的作用，但在决策辅助方面仍有很大的局限性，决策者仅凭个人经验和知识"拍脑袋"决策的情况依然严重，而且已有的应急管理体系还不够完善，联动系统仅停留在信息传递上，信息的更重要的价值远远没有被发掘和充分利用。因此，需要建立科学的应急管理体系（其结构如图 10-9 所示），以提高决策的准确性和有效性，同时促进具体操作上的效率和效益的提高。

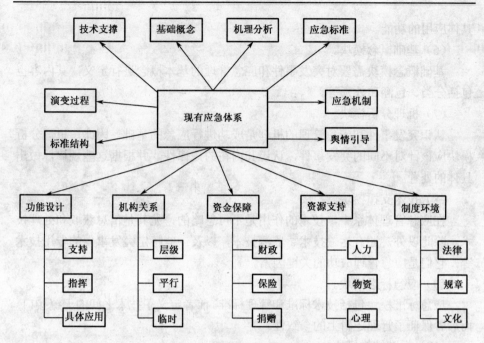

图 10-9　应急管理体系结构图

在这个结构中，应急管理体系包括了很多的不同组成模块，其中有的模块属于实体模块，即现实中有实在的对象与之相应，而有些模块则属于软模块，需要进行研究。

（1）资金保障模块。

资金保障模块包括用于应急管理的资金的筹集和使用等，图中列出了资金的三个主要来源：财政、保险和捐赠。

（2）资源支持模块。

资源支持模块包括人力资源、物资资源和心理资源等。心理上的关怀与抚慰是现代应急管理体系的一个重要特色，专业心理医生和其他心理从业人士就是构成这类特殊资源的主要成分。

（3）制度环境模块。

制度环境模块包含法律、规章、文化等部分。

（4）机构关系模块。

目前国家已经建立起一套应急机制，包含了多个机构。这里给出机构的几类关系：层级关系机构、平行关系机构及一些临时需要定义职能的关系机构。

（5）功能设计模块。

一个应急管理体系最核心的功能是指挥功能；其次，还有支持功能和面向具体应用的功能。

（6）基础概念模块。

基础概念模块需要对突发事件和应急管理的基本概念进行定义，其内容也包括分类、包涵和外延等。

（7）机理分析模块。

认识突发事件和应急管理的机理是成功进行应急的基础。因此，机理分析模块应该针对不同的突发事件，认识其内在的规律性，并根据这些规律性做出具体的处置。

（8）技术支撑模块。

在应急管理体系中，技术的作用是不可忽略的，尤其是信息获取和处理技术。除此以外，还有运输技术、监测技术，以及一些特定突发事件的专用技术等，它们是应急管理成功的关键因素。

（9）应急标准模块。

应急标准模块包括技术标准和管理标准。前者定义了技术之间的无缝接口；而后者保证了管理逻辑上的一致性。

（10）标准结构模块。

应急体系中存在不同类型的结构，需要对其进行统一化设计，以取得最好的累加效果。

（11）应急机制模块。

在应急管理中，使结构和机构得以运行的是机制，而机制又包括很多部分，如运行机制、评价机制、监督机制和终止机制等，这些都需要进行细致地研究，并在不断的实践中完善。

（12）舆情引导模块。

突发事件发生后，公众会受到广泛地负面影响，产生恐慌等心理和相应的非理性行为。除了受灾的人之外，其他受影响的人也可能因为这些心理和行为加重这场灾难，于是，舆情引导就成为应急管理体系中必不可少的部分。

（13）演变过程模块。

演变过程模块包括突发事件及应急从前到后，从过去到现在的演变。只有了解了更多的现象，才能使应急管理者了解本质，从而获得更好的应急管理效果。

10.2.2　应急平台建设

应急平台的建设涵盖十分广泛的内容，是一个较为庞杂的系统工程，需要科学规划。各级应急平台的主要组成部分包括基础支撑系统、综合应用系统、数据库系统、信息接报与发布系统、应急指挥场所、移动应急平台、应急平台标准规范体系和应急平台安全保障体系等（如图 10-10 所示）。

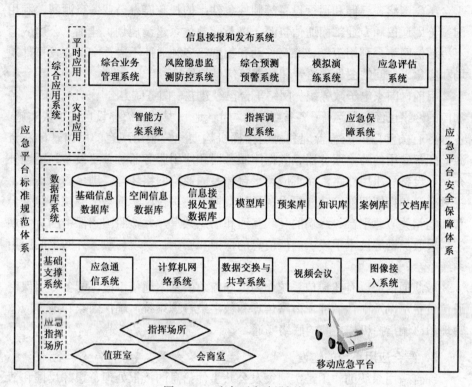

图 10-10　应急平台建设框架

1. 应急指挥场所

应建设完善应急指挥大厅和值班室等应急指挥场所，分级政府的应急指挥厅应建在政府办公厅。各地区和各有关部门需要建设、完善视频会议系统和图像监控系统；应与国务院应急平台视频会议系统和图像接入系统连通；应配备音视频、显示系统和常用办公设备等，满足值守应急、异地会商和决策调控等需要。应急指挥大厅和值班室应根据需要配备相关设备、智能中央控制系统、视频会议系统、专业摄像系统、多媒体录音录像设备、多媒体接口设备、智能中央控制系统、视频会议系统、有线和无线通信系统、手机屏蔽设备、终端显示管理软件、UPS 电源保障系统、专业操控台及桌面显示系统、多通道广播扩声系统和电控玻璃幕墙及常用办公设备等。

2. 基础支撑系统

基础支撑系统的建设要充分利用电子政务系统和国家通信资源，保证应急平台所需网络、存储和运行设备等硬件条件；依托政府办公业务资源网，利用国家公用通信和专业部门通信资源，以及应急体系建设规划扩建国家公用应急卫星通信网络；利用卫星、蜂窝移动和集群等多种通信手段，实现突发事件现场和应急平台间的图像、语音和数据等信息的传输。

目前，国家电子政务统一网络平台已经建立，国务院办公厅（区、市）、各部门的网络已经开通运行，各省级政府与市（地）、县的网络建设也在加快实施。各地各有关部门的应急管理和协调指挥机构要充分利用现有的网络基础和资源，配备专用的网络服务器、数据库服务器和应用服务器等必要设备，适当补充平台设备和租用线路，完善应急平台体系的通信网络环境，满足图像传输、视频会议和指挥调度等功能要求，通过数据交换平台，实现与国务院应急平台和其他相关应急平台、终端的互联互通和信息共享，并按照国家保密的有关规定，采取加密等技术手段，确保信息的保密和安全，实现与政务外网上的应用系统整合。

应急通信应以有线通信系统作为值守应急的基本通信手段，配备专用保密通信设备，以及电话调度、多路传真和数字录音等系统，确保国家和地方应急管理和协调指挥机构之间的联络畅通。

3. 综合应用系统的建设

综合应用系统的作用是实现突发公共事件信息的接报处理、跟踪反馈和情况综合等应急业务的管理。综合应用系统的建设要运用计算机技术、网络技术和通信技术、GIS、GPS 等高技术手段，通过整合全国各类应急资源，构建一个各级应急救援指挥机构、应急救援基地和相关部门互联互通的通信信息基础平台，能够采集、分析和处理应急救援信息，为应急救援指挥机构协调指挥事故救援工作提供参考依据。该系统应能够满足全天候、快速反应各类突发事件信息处理和抢救救灾调度指挥需要，应具备突发事件快报功能，使救灾资源和社会救助联动，从而可及时、有效地进行抢险救灾调度指挥。

综合应用系统的建设要求包括：各地区、各有关部门按照统一格式，通过应急平台向国务院报送特别重大、重大突发公共事件信息和现场音、视频数据，以及特别重大突发公共事件预警信息，并向有关部门和地方通报；各地区和各有关部门要加强对突发公共事件隐患的监测，并进行动态监控；加强对重点目标、重大工程、重大次生灾害危险源、生命线工程等的评估；突发公共事件发生后，应及时掌握关键基础设施等的破坏和损失情况；通过汇总分析相关地区和部门的预测结果，结合事件进展情况，进行综合研判。

4．应急管理数据库的建设

应急管理数据库是应急平台的"血液"，是支撑应急平台运行的关键资源。应急管理数据库的建设要按照条块结合、属地为主的原则，建设满足应急救援和管理要求的综合共用基础数据库和各种专用数据库，收集存储和管理管辖范围内与应急管理有关的信息和静态、动态数据，可供国家应急平台和其他相关应急平台远程运用。数据库的建设要遵循组织合理、结构清晰、冗余度低、便于操作、易于维护、安全可靠、扩充性好的原则，并建立起数据库系统实时更新，以及各地区和各有关部门安全生产应急管理和协调指挥机构应急平台间的数据共享机制。

应急管理数据库系统的建设包括接报处置数据库、应急预案库、基础信息数据库、空间信息数据库、模型库、知识库和案例库等的建设。同时应建立数据库动态管理系统，以及各地区和各有关部门应急平台间的数据共享机制和安全管理制度。应急管理数据库的建设是一个动态发展过程，需要根据业务发展的实际不断调整和完善。例如，存储应急资源信息（包括指挥机构及救援队伍的人员、设施、装备、物资及专家等）、危险源、人口、自然资源等内容的应急资源和资产数据库，存储应急救援人员或队伍评估情况的应急资质评估数据库，存储各类事故的应急救援演练情况和演练方案等信息的演练方案数据库，以及存储对各级各类应急救援数据进行统计分析的信息的统计分析数据库等，都需要根据应急管理的实际进行开发和建设。

应急管理数据库实现的功能包括：根据有关应急预案，在咨询专家意见的基础上，提供应对突发事件的辅助决策方案；根据应急过程不同阶段处置效果的反馈，实现对辅助决策方案的动态调整和优化；实现对应急队伍、物资储备、救援装备等应急资源的动态管理，对应急过程和能力进行综合评估；可进行应急处置模拟推演，对各类突发事件场景进行仿真模拟，分析事态，提出应对策略；利用视频会议、异地会商和指挥调度等功能，以及移动应急平台，为各级应急管理机构应对突发事件提供快捷指挥和对有关应急资源力量的紧急调度等方面的技术支持。

5．移动应急平台的建设

国家要求加强移动应急平台和指挥调度系统的建设，必须做到以下几个方面：充分利用有关渠道和途径，加强移动应急平台建设，实现突发事件现场信息的实时采集和监测工作，以及现场不同通信系统之间的互联互通；与相关应急平台连接，供现场应急处置和指挥调度时使用；根据实际工作需要，合理利用国家公用应急资源和特种保障车辆、电信运营商的地面卫星等设施。移动应急平台和应急通信系统的建设应严格按照有关技术要求和标准执行。

6. 整合接报平台，建设信息发布系统

应根据实际，积极稳妥地推进面向公众的城市紧急信息接报平台整合工作，建立"信息统一接报、分类分级处理"的工作机制；依托国家突发事件预警信息发布系统项目，建设面向公众的信息发布平台。

7. 标准规范建设

要遵循通信、网络、数据交换等方面的相关国家和行业标准，规范网络互联、视频会议和图像接入等建设工作，采用国家有关部门发布的人口基础信息、社会经济信息、自然资源信息、基础空间地理信息等数据标准规范，按照电子政务建设和国家应急平台建设相关标准规范和地方兼容中央、下级兼容上级的模式，形成全国应急平台在功能规范、业务流程、数据定义与编码、数据交换上的统一标准化体系，保证国家应急体系技术标准完整、一致。

10.3　应急通信与网络管理

10.3.1　应急通信

通信是保障应急管理得以顺利实现的基本条件，可以说是应急管理的"命脉"。应急通信指出现突发事件的紧急情况时，综合利用各种通信资源，保障救援、紧急救助和必要通信所需要的通信手段和方法，是一种具有暂时性的特殊通信机制，是借助于有线/无线综合通信平台及数字集群调度通信技术建立的一种极有社会价值与现实意义的专用通信系统。应急通信通常具有随机性、不确定性、紧急性、灵活性、可靠性和可扩展性等特点。

1. 应急通信的一般特点

应急通信一般具备以下四个特点。

1）通信时间的不确定性

大多数情况下，需要应急通信的时间往往是不确定的，人们根本无法进行事先准备，如海啸事件。有些情况下，虽然人们可以预知需要应急通信的大致时间，但却没有充分的时间做好应急通信的准备，如台风等事件。只有极少数情况下，人们可以预料到需要应急通信的时间，如重要节假日、重要会议等。

2）通信地点的不确定性

在大多数情况下，需要应急通信的地点是不确定的，只有在少数情况下，可以确定应急通信的地点。

3）通信容量的不确定性

在通信突发时，容量需求会增长数倍，人们根本无法预知需要多大的容量才能满足应急通信的需要。

4）通信网络的不确定性

人们在进行应急通信时，需要什么的网络类型并不确定。一般需要的网络有固定网、移动网、卫星网络和互联网。

2．应急通信的需求及优先级

应急通信主要包括两类用户和四个方向的通信需求。在两类用户中，第一类用户是指政府决策机关、职能部门或专业机构，如消防、医疗、公安等，这一类用户在应急通信中发挥着国家职能，承担指挥协调及减灾救灾等任务；第二类用户为普通公众，主要是指遭受突发事件影响的公众。四个方向的应急通信需求分别是：公众到政府机构的应急通信、政府机构之间的应急通信、政府机构到公众的应急通信，以及公众之间的应急通信。

（1）公众到政府机构的应急通信的主要功能是由公众进行紧急情况的上报，紧急情况包括公众个人遇到的紧急事件（如个人遭受犯罪侵害）及危害公众安全的突发事件（如火警）等。公众到政府机构的应急通信除了有利于及时发现紧急情况以外，对公众个体的救助也是国家的主要职能之一。

（2）政府机构之间的应急通信，主要是指在发生突发事件时，为参与应急处理的各种机构提供通信保障，使其能够发挥职能、协调运作。其具体实现的功能包括传达指令、情况汇报，以及各机构之间的信息共享等。

（3）政府机构到公众的应急通信，主要用于在突发事件中，由政府部门向公众传达信息，以起到告警、组织疏散、安抚等作用。

（4）公众之间的应急通信。当紧急情况出现时，公众之间的通信也是一个通信需求，可起到亲人、朋友之间的相互联系等作用。

由于在突发事件中通信资源是很稀缺的，所以需要根据需求合理分配通信资源。

（1）政府机构之间的应急通信对通信网络提出了非常高的要求，如要求网络应具有非常高的鲁棒性；需要具备优先权保证能力；可以识别应急通信流。因此，需要为其分配最高优先级。

（2）对于公众到政府的应急通信，由于在突发事件发生之时，具备紧急呼叫能力是公众应具备的基本能力之一，所以需要为其分配次高优先级。

（3）当突发事件出现时，政府机构到公众的应急通信非常重要，如政府需要向公众传达灾害的相关信息、统一调度等。政府一般可采取具有广播特征的通信手段（如短信群发），除此之外还可以借助传统媒体来传播信息，如电视、FM 调配、互联网等。因此，需要为其分配较高优先级。

（4）对于公众之间的应急通信，在灾难发生时，亲人、朋友之间的相互关心所需要的通信也是很重要的一种需求，但是如果突发事件导致通信网络资源匮乏，那么通信网络对于公众之间的通信保障只能是尽力而为，因此这方面需求的优先级相对较低。

10.3.2　网络在应急管理中的应用

网络由于具有各种独特的功能，如可以同步或不同步提供信息、一对一或一对多进行即时通信、可以积累海量的知识和信息、方便地进行检索和查询、跨域时空的资源共享及无专门管制的用户使用等，再加上已形成的极其广泛的用户基础，在应急管理领域正发挥着无可替代的作用。应急管理是一个复杂的系统工程，涉及减灾、备灾、应急和灾后恢复四个环节，网络在每个环节都能发挥相应的作用。

1．网络在减灾中的应用

减灾是为了减少灾害的发生而采取的一系列活动，既是应急管理的基础性工作，也是全面提升应急管理能力的"基石"。互联网在减灾环节可以发挥多方面的作用，对夯实应急管理的基础大有裨益。

1）利用网络整合减灾资源

减灾是一项有着基础性战略地位的长期性工作，牵涉政府和社会各界，而且与每一个社会个体休戚相关。利用网络充分整合各种减灾资源是做好减灾工作的一项重要基本功。构筑适合防灾减灾需要的信息和知识资源库，对增强全社会的减灾能力有着重要的意义。网络作为具有强大数据存储和处理能力的信息化载体，可以构筑各种类型的适合不同对象和类型的信息和知识资源库，并可通过持之以恒的丰富和完善，使其成为应对各类灾害的重大武器，实现灾害应急信息和知识在更大范围内的传播和发挥作用的目标。减灾信息和知识资源库是一个涵盖面极其广泛的体系，可以根据实际需要分阶段建设。例如，对于案例库的建设，可以将国内外已经发生的各种灾害性事件按相应的规则进行整理和归档，从而形成专业的案例库，以供学者研究和公众学习借鉴，起到"前车之鉴，后事之师"的警戒作用；又如将危险化学品的物化特性、处置方法以知识库的形式存储起来，需要时作为处置同类事故的依据，可对提高处置水平有很大的帮助。

网络作为整合减灾资源的有效手段，可以使政府和社会公众共享各方面的减灾信息和知识，促进全方位的互助和合作，从而起到了不可替代的作用。

2）利用网络促进应急宣传教育

在应对突发事件时，前期的应急知识的宣传教育显得尤为重要，大力宣传普及各种应急知识可以在灾害发生时使得公众先行自我救助，从而大大减少伤亡。因此，加强应急宣传教育工作，提高社会公众应对灾害的能力是做好减灾工作的重要内容。由于互联网具有覆盖面广、传播迅速、互动强及信息展开形式丰富等多方面的特点和优势，所以它是非常有效的宣传教育工具，对做好宣传教育工作十分有益。

通过网络进行宣传和教育可以有多种方法和思路，以公众喜闻乐见的方式提供各种参与项目，寓教于乐，必然会取得比较明显的成效。

3）利用网络提高应急管理人员的业务素质

应急管理人员是开展应急工作的主力军，他们的素质和能力直接影响着应急管理的成效。不断提高应急管理人员的能力和素质，是做好减灾工作的重要任务之一。利用网络实现不同地域、不同部门应急管理人员之间的交流，促进其相互学习和合作，对全面提升应急管理人员的业务素质大有帮助。

利用网络构建知识社群，实现应急知识管理，是提高应急业务人员素质的有效途径，而且这对互助合作机制的形成也会有很好的促进作用。

2．网络在备灾中的应用

备灾是为了对可能到来的灾害事件进行相应的准备，对减少灾害的危害、提高灾害应急的能力和成效有着重要的影响。

1）利用网络进行灾害预警

灾害预警是指在可能发生的灾害到来之前，向特定的对象传递专门的灾害信息的过程。加强预警信息发布系统的建设，建立畅通、有效的预警信息发布和传播渠道，扩大预警信息覆盖面，确保预警信息及时、准确地传达给特定的对象，是备灾工作的重要任务之一。尽管预警信息的发布有多种方式和渠道，如广播、电视、手机等，但网络是一个十分重要的发布渠道，因为网络具有覆盖面广、实时性好、抗毁性高、信息展示直接等特点，对灾害预警发布极为有利。

基于网络的灾害预警发布在国际上有很多成功的应用，在我国也开始发挥出越来越重要的作用，需要进一步推进。

2）利用网络进行灾害应对准备

备灾是对可能到来的灾害做准备的阶段，不管灾害最终是否发生或者发生的程度如何，在这一阶段做好充分的准备是非常必要的。备灾不但要准备好应对灾害的各种资源，包括人力资源、物资资源及抢险救灾资源等，更要准备好各种应对灾害的行动方案，如组织指挥体系、撤离线路等。网络的应用可以实现不同地域的各种应急资源的"虚拟"整合，为灾害应对做好在线准备。一旦预定的灾害"如期"而至，就可通过网络"激活"行动方案，进入应急状态。

网络在备灾阶段的应用对提高灾害的应对准备的效率和水平有着十分明显的意义。从某种程度上说，离开网络的支持，备灾工作往往不完整，应对灾害准备往往不够充分。

3. 网络在应急中的应用

应急是在灾害发生以后对灾害应变所采取的具体行动，在这个环节，争取时间、抢救生命财产、减少灾害事件所造成的各种可能损失是最为重要的任务。网络在灾害应急过程中只要应用得当，就可发挥非同一般的作用。

1）利用网络进行指挥调度

指挥调度是灾害应急过程中的最基本的职能，科学有效的指挥调度必须以准备及时的信息做保障，并且要与不同的指挥调度对象建立起动态交互的联系。网络为信息传递和通信交互的重要载体，在灾害应急过程中可以大显身手，发挥其他的媒体或通信方式所无法具备的作用。当一些重大的自然灾害导致常规的通信系统瘫痪时，互联网系统由于连通的路径多、抗毁性强，往往成为最后可以依靠的传递信息的手段，是指挥调度不可或缺的载体。

为了提高基于网络的指挥调度的安全性和可靠性，可以通过对系统加密或者采用 VPN 传输等多种方式来实现。对当前政府管理人员来说，改变对网络安全问题的片面认识很有必要，既要屏蔽网络不安全的错误观点，又要树立起"保障生命财产安全高于一切"的应急理念，充分发挥网络在指挥调度中的作用。

2）利用网络实现实时的灾情发布

灾情发布是灾害应急阶段的一项十分重要的工作，因为它牵动着方方面面，成为全社会普遍关注的焦点，而且对灾情发布在时效性方面有着特别的要求。网络在大量的灾害应急的实践中已经发展成为不可替代的灾情发布第一渠道角色，在保障灾情信息的全面丰富和时效方面发挥了出色的作用。由于网络具有的开放性和跨地域性的特点，所以当各种类型的突发事件出现时，无论是普遍网民还是专业人员都会在第一时间发布相关信息，而且会在很短的时间内迅速传遍整个网络，进而在国内外快速传播。

网络为灾情发布提供了一个可靠有效的渠道，但对政府相关部门来说，一定要变被动为主动，抢占互联网灾情发布的制高点，在第一时间发布权威、准备的灾情信息，以避免谣言的散播，并满足广大群众对灾情信息的需求。

3）利用网络进行应急通信

与固定通信、移动通信、卫星通信相比，互联网应急通信可能并不会被大多数人所了解。但互联网在应急通信中却实实在在地发挥着作用，而且其作用与其他类型的应急通信相比有过之而无不及。这是因为互联网作为通信网络不仅在进行 E-mail、QQ、短消息之类的传输，而且还可以传输各种类型和数据量超大的信息。

不管是固定网络、移动网络、卫星网络，还是互联网网络，都可以用来独立进行应急通信。但当某种网路出现故障或通信流量过大时，利用互联网进行应急通信不失为一个很好的补充方法。

4．网络在灾后恢复的应用

灾后恢复是一个长期的过程，而且牵涉政府和社会各个方面的组织和个人，需要开展的业务多而繁杂。在这一阶段，互联网可以发挥很大的作用。

1）利用网络协助赈灾

赈灾是灾后恢复的重要组成，也是广泛发动群众为灾区献爱心的具体行动。利用网络进行"在线赈灾"，可以起到比较好的赈灾效果。第一，由于网络的参与面广泛，影响面巨大，在网上发起赈灾宣传可以在较广泛的范围产生比较大的影响。第二，由于网络具有在线支付等功能，可以让一些乐意在线捐款的用户方便、快捷地实现赈灾的愿望。第三，网络可以对赈灾的资金来源和流向进行有效的监督，提高赈灾的透明度和公正度，保障赈灾工作的健康、有序进行。

利用网络进行赈灾在我国还存在不少现实困难，如相关的法律法规不甚健全，公众的参与积极性不高等，不过可以在局部范围内进行试点。在汶川地震赈灾救援中，党员干部以缴纳党费的形式捐款，并可获得相关证明文件的做法可以在网络在线赈灾中进行尝试，说不定可以获得比较好的赈灾效果。

2）利用网络寻找失散亲人

在重大灾害事件发生后，失散的亲人由于相互牵挂而备受煎熬，尤其是对那些通信不甚发达地区的灾民而言，一旦失散，将会给受灾家庭带来更大的痛苦。利用网络寻找失散亲人在国际上已经具有比较成熟的经验，在我国也已经有了不少成功的实践。如果能够将网络寻亲和志愿者服务两者更好地结合起来，一定能起到比较好的作用，能在比较短的时间内帮助受灾家庭寻找到失散亲人，为抚平灾区人民的创伤发挥应有的作用。

3）利用网络支持灾后重建

灾后重建是一项复杂而又长远的任务，尤其像地震、洪水等这样一些破坏性极大的自然灾害发生之后的灾后重建工作，不仅任务艰巨，而且牵涉面广泛，是需要全社会广泛参与和群策群力的系统工程。网络在灾后重建中可以发挥多方面的作用：一是利用网络整合各种灾后重建的资源，包括灾害重建的人力资源、物资资源及各种建筑装备等方面的资源，进一步保障灾后重建的资源需要；二是利用网络动员社会各方共同参与灾后重建的过程，包括对重建方案的设计和评价，灾后重建具体任务的落实，以及重建过程中的协调和合作等都可以通过网络进行；三是通过网络向社会各界全面展示灾后重建的进程，动态接受社会各界对灾后重建的意见和建议，并对存在的各种问题进行公开讨论，以进一步提高灾后重建的质量和水平。

灾后重建是一项关系到灾区群众切身利益的重要工程，也是事关灾区长远发展的重大任务，充分发挥网络在灾后重建中的作用，对调动全社会参与灾后重建的积极性、主动性和创造性，提高灾后重建的整体水平有着实质性的意义和价值。

 本章知识小结

本章在介绍了应急管理概念和应急管理体系的基础上重点介绍了应急通信和网络管理在应急管理中的应用。通信资源在突发事件中是很稀缺的，需要根据需求合理分配通信资源，本章根据在应急管理中应急通信的需求制定了相应的应急通信优先级。网络由于具有各种独特的功能，如可以同步或不同步提供信息、一对一或一对多进行即时通信、可以积累海量的知识和信息、方便地进行检索和查询、跨域时空的资源共享及无专门管制的用户使用等，再加上已形成的极其广泛的用户基础，在应急管理领域正发挥着无可替代的作用。本章介绍了网络在应急管理各个阶段——减灾、备灾、应急和灾后恢复四个环节中的应用。

案例分析

日本两大地震事件中通信系统的运行状况

日本是世界上最容易遭受自然灾害侵害的国家之一，它在一次又一次与自然灾害抗争的过程中积累了大量的经验。

1995 年 1 月 17 日清晨 5 时 46 分发生的"阪神大地震"由于地震通信系统缺乏，直到 5 个小时后才被上报到首相官邸，而且由于判断失误、措施不当，把 7 级大地震当做一般的灾害来处理，最终导致 6 000 多人死亡及失踪，受伤人数高达 40 000 多，房屋损坏近 25 万幢，是日本自 1923 年关东大地震以来受灾损失最大的一次，遭到公众的强烈指责。

在经历了"阪神大地震"的浩劫后，日本政府痛定思痛，大力推进防灾通信系统的建设。日本于 1996 年 5 月 11 日正式设立内阁信息中心，由信息中心进行 24 小时全天候值守，并负责迅速收集与传达和灾害相关的信息，与此同时还把防灾通信网络的建设作为一项重要任务来抓。经过多年的建设和发展，日本政府已建立起了较为发达和完善的防灾通信网络体系，包括：以政务各职能部门为主，由固定通信线路、卫星通信线路和移动通信线路组成的"中央防灾无线网"；以全国消防机构为主的"消防防灾无线网"；以自治体防灾机构和当地居民为主的都道县府、市町村的"防灾行政无线网"；以及在应急过程中实现互联互通的防灾相互通信无线网等。此外，日本还建立起各种专业类型的通信网，包括水防通信网、紧急联络通信网、警用通信网、防卫用通信网、海上保安用通信网及气象用通信网等。

有了专门的突发事件信息监控机构和完善的防灾通信网络后，日本应对各类突发事件的能力有了显著的提升。2003 年 5 月 26 日傍晚，本州岛东北地区发生了 7 级地震。地震发生 1～2 分钟后，电视画面随即出现了东北地区发生地震的消息，从电视台预先架在楼顶的摄像机拍下的录像可见震中城镇大片房屋摇晃，从直升机转播可见仙台市一栋小楼起火；警察厅和岩手、宫城、山形等县警察总部启动灾害警备对策总部，从地方警察机构收集灾害信息；防卫厅启动对策总部，按预案要求了解和掌握情况；陆上自卫队东北方面总参谋部进入非常状态，并派人到灾区进行救援。地震发生 6 分钟后，首相官邸危机管理中心就迅速成立了地震对策室；召开了政府各部门主要负责人参与的紧急会议，决定由地震对策室收集相关信息；内阁室、国土交通厅、海上保安厅、总务厅等启动了对策室或联络室。地震发生 10 多分钟后，宫城县警察总部的摄像直升机已向首相官邸传送在空中拍摄的灾区图像了。

　　日本防灾通信系统的建设是一个重大的创举，是在全面分析和研究防灾抗灾的通信需求基础上实现的，既充分地整合了各大运营商的资源，又独立于各运营商开展一体化的运行和管理，取得了较为明显的成效，其相关的经验值得我国学习和借鉴。

 思考题

1. 突发事件的定义是什么？
2. 突发事件有哪些基本特点？
3. 突发事件的生命周期包括哪几个阶段？
4. 应急管理的定义是什么？
5. 应急管理分哪几个阶段？
6. 应急管理与突发事件有怎样的机理关系？
7. 应急管理体系有哪些主要的功能模块？
8. 应急管理平台主要有哪几个系统？
9. 应急通信有哪些特点？
10. 应用通信的需求是什么，其优先权又是怎样？
11. 网络在应急管理中有什么样的作用？

参 考 文 献

[1] 陈安，陈宁，倪慧荟. 现在应急管理理论与方法. 北京：科学出版社，2009.

[2] 姚国章. 应急管理信息化建设. 北京：北京大学出版社，2009.

[3] 李文正. 电子政务与城市应急管理. 北京：中国水利水电出版社，2008.

[4] 计雷. 突发事件应急管理. 北京：高等教育出版社，2007.

[5] 张连波，任晓东. 地方政府的应急管理. 大连：大连理工大学出版社，2009.

第 ⑪ 章

数 字 鸿 沟

本章内容：
数字鸿沟的定义
数字鸿沟的测量
跨越数字鸿沟

11.1 数字鸿沟的定义

11.1.1 什么是数字鸿沟

随着信息技术和全球化的发展，"数字鸿沟"成为一个广受关注的问题。但是人们在使用数字鸿沟这一概念时，却存在着不同的理解。

美国商务部对数字鸿沟的定义是：在所有的国家，总有一些人拥有社会提供的最好的信息技术。他们有最强大的计算机、最好的电话服务、最快的网络服务，也受到了这方面的最好的教育。另外有一部分人，他们出于各种原因不能接入最新的或最好的计算机、最可靠的电话服务或最快、最方便的网络服务。这两部分人之间的差距就是所谓的"数字鸿沟"。

国际电联（ITU）对数字鸿沟的定义是：数字鸿沟可以理解为由于贫穷、在教育设施中缺乏现代化技术，以及文盲而形成的贫穷国家与富裕发达国家之间、城乡之间及年轻一代与老一代之间在获取信息和通信新技术方面的不平等。

经合组织（OECD）对数字鸿沟的解释是：数字鸿沟是个人、家庭和地区间在获得信息通信技术（ICT）的机会，以及利用互联网从事各种活动的机会方面存在的差距。国家内及国家间的数字鸿沟都不尽相同。

而现在比较广泛被接受的定义是："数字鸿沟"又称信息鸿沟，是指在全球信息化过程中，不同的国家、地区、人群之间由于对信息、网络技术应用程度的不同及创新能力的差别造成的信息落差、知识分隔和贫富分化问题，是信息富有者和信息贫困者之间的鸿沟。

在英文里面，数字鸿沟在大多数情况下统称"Digital Divide"，有时也叫做"Digital Gap"或者"Digital Division"，本意是数字差距或者数字分裂。早在1990年，著名的美国未来学家阿尔温·托夫勒在《权力的转移》一书中，就提出了"信息富人"、"信息穷人"、"信息沟壑"和"电子鸿沟"的概念。到了1999年，在世界范围内，"数字鸿沟"问题引起了人们的极大关注。2000年，我国在北京召开"跨越数字鸿沟"高层研讨会，探讨其本质及中国的应对措施。同时，世界上的其他国家都纷纷围绕数字鸿沟问题进行了不同方式的讨论，认为数字鸿沟问题已经成为全球范围内迫切需要解决的难题之一。数字鸿沟不仅表现在国家与国家之间，尤其是发展中国家与发达国家之间，同时在一个国家内部的不同地区之间也会存在"数字鸿沟"问题。"数字鸿沟"问题的实质在于揭示了信息时代的社会公正问题。社会公正问题不是信息社会独有的，它恰恰是工业社会公正问题的延续。数字鸿沟是我国在致力于世界和平与发展、国家经济持续发展的过程中不得不面对的严峻事实。从国际范围来看，中国信息化水平较低，和西方有些信息发达国家间存在着巨大差距，这将影响中国综合国力和国际竞争力的提高与加强。有专家认为，继城乡差别、工农差别、脑体差别之后，"数字鸿沟"所造成的"数字化差别"正成为我国社会的第四大差别。

11.1.2　数字鸿沟的分类

从不同的维度进行划分，可以将数字鸿沟划分成不同的种类。从国家的角度看，可以从总体上将数字鸿沟划分成两大类：一类是国家与国家间的数字鸿沟，如中国与美国间的数字鸿沟，发达国家与发展中国家的南北数字鸿沟等；一类是一国内部不同社会群体间的数字鸿沟。

从国家内部的数字鸿沟看，根据考察对象的不同，又有城乡数字鸿沟、地区数字鸿沟、年龄数字鸿沟、性别数字鸿沟、种族数字鸿沟、收入数字鸿沟、教育数字鸿沟、企业数字鸿沟、行业数字鸿沟等。

11.1.3　数字鸿沟的成因

数字鸿沟产生的主要原因可以归纳为以下五个方面。

（1）经济发展或收入水平。拥有和使用新技术需要一定的成本支出，尤其是在技术扩散初期，其成本还相当高，这就使得经济发展相对落后的国家和地区或低收入人群因支付不起高昂的费用而被排斥在新技术之外。

（2）教育水平或知识能力。受教育程度不同直接导致对新技术的认知、接受和应用效果存在天壤之别。不识字或识字不多，就很难真正利用现代信息技术。有时，不懂外语也会产生很大影响。

（3）政策环境。任何一次技术革命或产业革命都会引发全球生产力的重新布局，总有一些国家或地区得以脱颖而出，而国家战略选择和相应政策导向在其中发挥着举足轻重的作用。

（4）个人习惯。受个人秉性影响，总会有人尽管有钱，也有知识，但不愿意接受新技术，从而在网络时代落伍。

（5）年龄、体能等生理因素。没有人会责怪婴幼儿不上网，老年人不玩计算机也情有可原。对于身体或智力障碍的人来说，其接受新技术的能力也不能与正常人相提并论。

11.1.4 数字鸿沟的影响

数字鸿沟是不同国家和地区的经济、社会发展水平差距在信息时代的客观反映。数字鸿沟的客观存在及其扩大将对社会发展和社会安全构成严重的威胁。

数字鸿沟对社会发展及社会安全的影响主要体现在以下四个方面。

1. 大量信息贫困者的出现——数字鸿沟的离散效应

数字鸿沟的存在，产生了一种新的贫困，即"信息贫困"。信息贫困者因为失去了获得信息的能力和机会，从而无法充分参与到创造和分享信息社会文明成果的过程中，成为信息社会的落伍者或边缘群体。也有学者称，"信息贫困"是 21 世纪的新型贫困。它既是收入贫困、人类贫困的重要原因，也是它们的结果。信息贫困者是信息时代的"无家可归者"。这种使信息贫困者日益脱离信息社会的影响作用，可以称为数字鸿沟的离散效应。

2. 信息均享程度下降——数字鸿沟的分化效应

弱势群体无法充分享受到由信息技术革命带来的好处，使得信息资源的占有和使用存在巨大的差别。从全球看，现阶段信息技术主要被发达国家垄断，发展中国家的技术和设备主要靠进口获得，信息技术普及和网络接入方面的马太效应非常明显。从人群看，最新接触和使用信息技术的人群对信息和知识的理解能力、应用能力、创新能力可能会进一步增强，他们与没有接触和使用信息技术的人群之间的差距越拉越大。2003 年 12 月，世界信息社会峰会通过了关于建设信息社会的《原则宣言》，对"目前在发达国家和发展中国家之间及各个社会内部，由信息技术革命带来的益处分布不均"给予了高度关注。这种在信息均享程度方面存在的差异被称为"数字化差别"。中国也有学者称为继城乡差别、工农差别、脑体差别之后的第四大差别。新的社会差别会诱发一系列新的社会矛盾和问题，不利于构建和谐社会目标的实现。这种使信息富有者与信息贫困者日益分离的影响作用，可以称为数字鸿沟的分化效应。

3. 弱势群体的风险与机遇并存——数字鸿沟的双刃效应

在数字鸿沟使弱势群体远离信息社会的风险不断加大的同时，信息技术的跳跃性和快速渗透特征也给弱势群体发挥后发优势，从而获得跨越式发展提供了前所未有的机遇。从全球视角看，一方面，对于中国这样的发展中大国来讲，率先使用先进、适用技术甚至在部分关键核心技术上实现突破的可能性是存在的；但另一方面，如果任凭中国与发达国家之间的数字鸿沟不断扩大，也很可能会使中国丧失掉利用信息技术革命实现跨越式发展的历史机遇。从国内社会发展看，利用网络资源优势迅速提升国民信息能力，进而提升整体竞争实力的潜力增大了，但处理不当也会适得其反。数字鸿沟是客观存在的，但对待数字鸿沟的态度和行为的不同将使其演化结果及影响大相径庭。这种使弱势群体风险和机遇都增加的影响作用，可以称为数字鸿沟的双刃效应。

4．社会脆弱性加大——数字鸿沟的放大效应

数字鸿沟的存在可能会进一步导致收入分配、就业和发展机会等方面的严重不公，加大原有的贫富差距，进而成为危害社会安全与稳定的重要根源。联合国等国际组织称，数字鸿沟有可能使国际社会多年来致力于缩小南北差距的努力化为乌有。收入差距进一步扩大会危及社会安全已成共识，并被许多国家的发展实践所证实。中国正在向全面小康社会迈进，中等收入国家面临的收入差距不断扩大的情况在中国也同样存在。数字鸿沟的出现会加剧贫富差距，从而进一步加大社会脆弱性。这种使原有社会差距进一步加剧的影响作用，可以称为数字鸿沟的放大效应。

11.2　数字鸿沟的测量

贫富分化一直是人类社会发展面临的重要课题。伴随全球信息化与经济全球化相互交织、加速发展，人类开始进入信息时代。作为经济与社会发展水平及其差距在信息时代的客观反映，数字鸿沟日益引起全球关注。到目前为止，对于数字鸿沟仍没有统一和确定的定义，因此基于不同定义和不同角度，不同的组织和个人给出的测量数字鸿沟的方法也不尽相同。本节围绕数字鸿沟的测量问题，介绍几种国际上的经典方法。

11.2.1　DAI 使用的代数平均算法模型

1．DAI 模型介绍

DAI（Digital Access Index，数字接入指数）用来衡量一个国家内个人接入和使用信息通信技术（Information Communication Technology，ICT）的总体能力。DAI 有三个主要目的：第一是衡量一个国家利用 ICT 的能力；第二是实现全面性，即在这个指数中涵盖尽可能多的国家；第三就是使指数尽可能透明。出于这种考虑，该指数所使用的变量必须少而精，以便包括更多的国家和提高透明度。影响一个国家内个人接入和使用 ICT 的能力的因素主要有 4 个，分别是基础设施可用性、可购性、教育水平和 ICT 产品质量。

　　DAI 所选择的变量在进行组合之前必须先进行比较。要想将变量换算成指标，通常采取的方法是用变量除以人口数。然后对指标进行"归一化"，将指标换算成介于 0 和 1 之间的一个值，只有这样才能对它们进行加权或平均。"门柱值"（goalpost，即可能达到的最大值和最小值）被用来对每个国家的数据进行归一化。在确定门柱值时必须小心，以避免指数过时。给 DAI 设计门柱值时，一部分设计通过逻辑分析完成，另一部分设计则通过考察现有的数据完成。DAI 门柱值具体如表 11-1 所示。

表 11-1　DAI 门柱值

指　　标	数　　值	指　　标	数　　值
每百人电话主线数	60	可购性	1
每百人移动电话用户数	100	每百人宽带用户数	30
教育	100	人均国际互联网带宽	10 000
入学率	100	每百人互联网使用者数	85

　　注：最小的门柱值为 0，来源为 ITU。

　　大多数指数都是通过简单地把各类别分值平均一下来求得一个总的指数值的，DAI 也是这样得出的（即对各类别赋予相同的权值 0.2），即

　　DAI 指数= 0.2×基础设施+0.2×可购性+0.2×知识+0.2×质量+0.2×使用

　　其中，

　　基础设施=每百人电话主线数÷60×50%+每百人移动电话用户数÷100×50%

　　可购性=（1-互联网资费÷月收入）÷1

　　知识=年龄在 15 岁以上并且可以读、写与其日常生活有关的简短文章的公民÷15 岁以上公民数×2/3+小学、初中、高中在校学生数量÷学龄总人数×1/3

　　质量=国际互联网带宽÷全国总人口÷10 000×50%+每百人宽带用户数÷30×50%

　　使用=每百人互联网使用者数÷85

　　DAI 逐渐形成了一种对经济体的特殊分类方法。将各个经济体的 DAI 指数从高到低进行排名，即所谓的排名法，通过对 DAI 值的分组分析，可以看到各类别指标之中各组国家的区别和差距。DAI 指数分组分析的测量结果如表 11-2 所示。

表 11-2　DAI 指数分组分析的测量结果

组　　别	DAI 指数	描　　述
高水平	≥0.7	在这一组别的经济体中，大多数居民都达到了较高的数字接入水平，有充足的基础设施，数字接入的价格也可以接受；居民的知识水平较高，现正努力通过快速接入的提供来提高质量。对这一组别中的经济体加以区分的标准是其使用情况

（续表）

组　别	DAI 指数	描　述
中高水平	0.5～0.69	在这一组别的经济体中，对于大多数居民来说接入水平是可以接受的。偏离高水平的原因是在某一特定类别方面发展不平衡
中低水平	0.3～0.49	在这一组别的经济体中，提高数字接入水平的最大障碍是缺乏基础设施
低水平	≤0.3	这一组别的国家是世界上最穷的国家，大多数是最不发达的国家。他们的接入信息社会水平是最低的，且缺少数字接入，同时伴随着贫困和饥饿，缺少人类最基本的需求

2．DAI 模型的评价

（1）DAI 模型的优点：一是 DAI 克服了以往指数的局限性，把重点放在了接入、国家覆盖率和变量的选择上；二是在一个理想的指数中，衡量基础设施的变量应当包括在家庭、学校、企业和政府中的 ICT 可获性，以及在诸如邮局、图书馆和网吧等公共场所的可获性。

（2）DAI 模型的缺点：一是在确定门柱值时必须小心，以避免指数过时。如果门柱值被超过，那么指数必须对变量赋值 1 或增加门柱值，并且需要对以前的年份进行重新计算；二是对电信变量进行归一化要比对其他种类数据进行归化困难，因为随着技术的发展，数值的变化非常频繁，难以建立起长期的门柱值。另外，随着技术变化将涌现新的 ICT。同时，一些技术既可能达到顶峰，也可能走向下坡；三是利用排名法来测量数字鸿沟似乎还只停留在质的层面上，没有达到量化的标准。也就是说，只用排名来显示数字鸿沟的存在还不够有效，因为排名只能说明各个地区之间的 ICT 接入水平有差异，但这差异既可能很小，也可能很大。差异的大小单从排名上是看不出来的，因此就需要有一种量化的方法来更清楚、有效地说明各个地区间数字鸿沟的大小。

11.2.2　Infostate/ICT-OI 的几何平均算法

1．ICT-OI 方法介绍

Infostate 是信息化机遇指数 ICT-OI 的具体测算方法和表示：ICT-OI 的概念框架认为 ICT 具有双重特性，即它是一种既可以生产也可以消耗的资产。因此，ICT-OI 的框架由两部分组成——信息密度和信息使用。在这样的框架下，研究者建立了一套综合反映 ICT 制造和消费情况的指标，并认为指标体系应根据具体情况而适当调整。自这套模型建立以来，其指标体系几经更迭，但其特殊的测算方法被保留了下来。

Infostate 从理论框架走向实际应用，需要建立适当的指标体系，这是因为数字鸿沟的测量是基于完善的指标体系的。Infostate 的研究者认为，相关指标的合适程度而不是指标的数量是方法应用的关键。选择合适指标的标准之一就是尽量避免选择与某单个因素相关的多重指标，同时也要避免模型中出现高度相关的指标。在实际的指标选择中，有时候为指标体系选择合适的指标会变得很模糊，而且相同的指标可能会适合每一个体系。因此，对于指标体系的选择，需要依靠专业知识结合实践经验来判断指标的可用性。而由于实际采用的指标体系是经验判断与理论知识的结合，所以 Infostate 的结论就是统计分析和专门领域知识的综合应用的结果。

信息化机遇指数（ICT-OI）指标体系由 2 个一级分类指数和 4 个二级分类指数及 10 个具体的指标构成（如表 11-3 所示）。

表 11-3　信息化机遇指数（ICT-OI）指标体系

总 指 数	一级分类指数	二级分类指数	指　　标
信息化机遇指数	信息密度分类指数	信息资本指标	（1）每百人电话主线长度
			（2）每百人移动电话用户数
			（3）国际互联网带宽（kbps/每人）
		技术指标	（4）成人识字率
			（5）毛入学率（小学、中学、大专）
	信息应用分类指数	信息使用指标	（6）每百人互联网用户数
			（7）拥有电视家庭占有率
			（8）每百人计算机数量
		密度指标	（9）每百人宽带互联网用户数
			（10）国际呼出话务量（分钟/每人）

在指标体系中，信息密度分类指数主要指一国的信息化资本与劳动力的总体存量，可以显示信息化生产力，由信息资本指标和技术指标构成；而信息应用分类指数主要反映一国的信息化消费流通环节的情况，由信息使用指标和密度指标构成。将密度指标与信息使用指标加权汇总，就可得到信息化机遇指数的总体水平。

信息化机遇指数（ICT-OI）可以全面衡量个人和家庭的 ICT 的获得和使用情况，其目标是解读在全球信息社会环境下获得和使用 ICT 的概念，从而确认信息化机遇是社会发展的重要部分。信息化机遇指数（ICT-OI）的主要目标是发现数字鸿沟，并帮助人们了解它自本世纪初以来的演变情况。但是为准确衡量与信息化水平高度发达经济体的差距，需要选取更为精确的定性指标。信息化机遇指数（ICT-OI）的计算方法如下。

第一步是处理数据。完成数据收集后，必须对异常值（outlier）进行平滑处理，以增强国际可比性，同时消除某个指标对信息化机遇指数的影响。

第二步是利用整理好的数据来计算分指数。一旦由原始数据得到一套完整的有可比性的指标体系，对每一个单一指标来说，还需要将其转换成（分）指数，消去其原来计量单位的差异。在计算每一个指数时，有一个平均值和一个参考年（2001 年）是很重要的，因为信息化机遇指数将用来跨国家比较及跨时间比较。

第三步是计算信息化机遇指数。对计算的信息密度分指数和信息使用分指数求几何平均，即可得到最后的信息化机遇指数，计算公式为

$$信息化机遇指数 = \sqrt{信息密度分指数 \times 信息使用分指数}$$

2. ICT-OI 方法的应用

ICT-OI 的最终结果可以用来进行很多有价值的分析计算，如可以用来识别 ICT 机遇指数及数字鸿沟的发展变化。数字鸿沟可以理解为经济体（或国家/地区）间存在着 ICT 机遇水平的相对差。另外，这种分析可以用于每个经济体，或者在根据 ICT-OI 结果相似性划分的国家群组内进行分析。

2007 年的 ICT-OI 的分组情况如下：为了便于分析研究，根据最近可获得的数据（2005 年），183 个经济体被划分成 4 组；参照国家（均值）的指数值为 148（2007 年的 ICT-OI 值从 12 到 378 不等）。高于均值的 57 个经济体被进一步划分为高层级和上层级，其中，高层级包括 29 个经济体，上层级包括 28 个经济体；对于 126 个位于均值以下的经济体，则被等分成中层级和低层级 2 组，每组有 63 个经济体。这样的划分方法同样适用于跨时间数字鸿沟分析。

该方法除了可以分析 ICT-OI 绝对值跨时间发展的趋势外，还可以用于分析数字鸿沟的相对变化情况。数据标准化使任何两组之间的数字鸿沟具有解释意义。标准化有利于分析组别之间的绝对差异，以及随时间排名位置的变化。这种跨时间的测度反映了数字鸿沟随时间的变化，即如果绝对差越来越小，说明两者之间的数字鸿沟越来越小；如果绝对差越来越大，则说明数字鸿沟越来越大。

3. 对 ICT-OI 方法的评价

2007 年的 ICT-OI 最终分析结果显示，在 2001～2005 年这 5 年间，高层级组与其他组别之间的数字鸿沟在加大。除了国家间的交叉比较之外，该方法论还强调了 2001～2005 年的相对值变化，这样就显示出了哪个国家正在以怎样的速度发展进步着。

ICT-OI 认为对政策影响的追踪是十分重要的。国家的社会和经济政策会直接影响 ICT 产品的采用、使用情况。因此不仅要对 ICT 的相关部分进行评估，

而且要对更加广泛的社会和经济影响进行观察。只有这样，才能得出信息和通信技术对社会和经济发展影响的有意义的推断。ICT-OI 作为一种工具，可用来测量各国家 ICT 的发展水平、跨国家和跨时间的差异。其每年的分析和分项指标测量也可用于评估由政策和法规的新变化所产生的影响。

11.2.3　DDIX/DIDIX 的相对距离法

1．DDIX 方法介绍

DDIX，即数字鸿沟综合指数，是最早用于综合测量数字鸿沟的方法之一，它由德国波恩一家从事国际行为研究和咨询的私营企业于 2002 年提出。早期对数字鸿沟的测度研究集中于监测网民数量和不同社会阶层之间的差距，如网民的年龄、性别构成。美国是这种方法的先驱者，且系统地收集了这方面大量的数据，如美国商务部下属的国家电信和信息管理局统计数字鸿沟时就使用了这种方法。在 DDIX 的研究中仍然延用这种方式，即通过测量网民数量及网民构成来测量数字鸿沟。但其侧重点在于通过对比以前应用过的两种方式，讨论测度数字鸿沟的合理方法。以前应用的两种方法中，一种测量不同成员在接入百分比上的差异，计算的是绝对差异；另一种测量各百分比之间的比率，计算的是相对差异，DDIX 则认为将这两种方式结合可以更好地表示数字鸿沟的动态发展。

任何测量数字鸿沟问题都包括以下 3 个层面。

（1）定义观察群体。例如，不同区域之间，不同人群之间，不同企业之间。

（2）根据观察群体的具体情况定义因变量。例如，针对不同人群可以定义因变量为年龄、性别、收入、教育和种族等。

（3）确定指标体系。最常用的指标是互联网使用情况，但是具体指标的选用需要视具体研究目标而定。例如，要分析发展中国家的数字鸿沟，就要选用更传统的电信指标（如家庭电话普及率）。

DDIX 讨论不同社会群体之间的数字鸿沟时，选用 4 个社会经济因素作为因变量：性别、年龄、收入和教育程度，重点研究在这 4 个因素中相对较弱的社会群体，并将属于这些类别的群体定义为“危险群体”。研究中将这些危险群体对信息技术的应用与所有群体对信息技术应用的平均值进行比较，并以此测量数字鸿沟。

值得注意的是这些群体并不是独立的，因为某个人可能属于多个群体，如某一个人既是女人，又大于 50 岁，而且还属于低收入群体。因此，变量之间会相互影响，DDIX 的测量过程忽略了这部分群体对测量结果的影响。此外，不同群体对整体数字的影响程度是不同的，DDIX 并没有对不同群体给出代表其影响力的权值。另外，DDIX 的测量过程也忽略了其他弱势群体，如失业、残疾、不发达地区的各种群体等，只用以上 4 类数字差距来代表国内的数字鸿沟。以这样的群体为考察对象来测量数字鸿沟的方法更适合区域经济发展相对平衡的国家。

与 Infostate 的概念框架不同，DDIX 指标选择的过程比较随意，它只是选择了几个信息发达社会中测量数字鸿沟的重要指标。DDIX 同时给每个指标赋予了一个权重，以利于计算综合指数。权重的选择是主观的，DDIX 对赋予权重的指数值与不赋予权重的指数值进行了比较，结果显示区别很小，而且总的趋势并没有受到影响。

DDIX 的计算公式为

$$DDIX = \frac{1}{n}\sum_{i-1}^{n} D_i \quad i = 1, \cdots, n, \ n = 4$$

式中，D_i 为分类数字鸿沟指数，如反映性别差距、年龄差距、收入差距、教育差距等方面的指数。D_i 的计算公式为

$$D_i = 100 \times \sum_{j-1}^{m} W_j \frac{P_{ij}}{P_j} \quad j = 1, \cdots, m; \ i-1, \cdots, n; \ m-4, \ n=4$$

式中，W_j 为第 j 变量（如计算机普及率、互联网普及率等）的权重；P_{ij} 为第 i 类弱势群体（如女性）在第 j 变量（如互联网普及率）的指标值；P_j 为总人口的指标值（如整体互联网普及率）。

从理论上看，DDIX 值应为 0～100。DDIX 值越大，表明弱势群体的信息技术应用水平越接近于总体平均水平，也就是说数字鸿沟越小。

2. DDIX 方法的评价

（1）DDIX 方法的优点：一是率先提出了可以反映一国（或经济联合体）数字鸿沟整体状况的综合指数法。通过一个指数就可以进行整体测量，减少了歧义性；二是具有较好的普遍适用性，既可以进行横向比较，也可以进行纵向比较；三是采用弱势群体与平均水平对比测算，较好地解决了多组比较时的统一标准选择难题。

（2）DDIX 方法的缺点：一是 DDIX 取值于弱势群体占平均水平的比重，其本身不是一个直接反映差距大小的概念，因此直观性较差。既然是数字鸿沟指数，理应是数值越大数字鸿沟越大，但 DDIX 的真实含义却正好相反；二是

使用弱势群体与平均水平比较计算，得出的结果并不能完全反映弱势群体与强势群体间的真实差距。如果说在处理多组比较时还算可取，那对于两组比较（如城乡差距、性别差距）时就显然低估了实际差距；三是 DDIX 方法适用于多对象间的比较分析，但不适宜进行两个国家间的数字鸿沟比较；四是选择考察指标时，仅关注了计算机、互联网的使用情况，而忽略了固定电话、移动电话等现代通信技术应用，显得有些单一。另外，在确定弱势群体的范围及指标权重赋值时，它也存在一定的主观性。

11.2.4　基尼系数法/相对集中度指数法

1. 基尼系数法介绍

在数字鸿沟研究领域中，基尼系数法是一种常见的方法。在 OECD（经济合作与发展组织）于 2002 年召开的 IAOS 会议上，意大利国际统计学会高级研究员 Riccardini 和通信部统计办公室主任 Fazio 联合提交了一份题为《数字鸿沟测算》的报告，报告中首次将基尼系数和洛仑兹曲线用于数字鸿沟的测量。报告测算了 1997～1999 年的 3 年中 OECD 的 29 国在服务器、互联网主机、个人计算机、移动电话、固定电话方面的数字鸿沟指数，并与人均 GDP 相对集中度进行了对比分析。

测量数字鸿沟的思路通常都是计算相关指标的分布频率，这样得出的结论是多个单元的比值。例如，OECD 的 70.34%的互联网主机都在美国，或美国互联网主机密度（台每千人）是 252.5，而 OECD 的平均水平是 88.1。这些数据的确能够通过相应变量的频率分布（如 OECD 互联网主机数）证明数字鸿沟的存在，但这样就缺乏一个明确的测量数字鸿沟的指标。为解决这个问题，经济合作与发展组织研究者使用了"集中度"这一概念。

"集中度"这一概念与进行人口统计时描述统计人群分布特征的方法是一致的。使用"集中度"进行数学统计对数值的基本要求就是它们能在数列间进行排序和位置的调整。因此，高集中度往往意味着小部分单元的数值增加，相反，若划分的单元占总人口的百分比上升，则集中度降低。在具体计算中，如果数据平均分布，则集中度为 0，这时各单元的群体处于同一模态下。例如，OECD 互联网主机平均分布于 29 国之内，每个国家都有同样的互联网主机占有率，为 3.44%（即 1/29）。同时，如果所有的群体都集中在一个单元内，而其他单元什么都没有，那么集中度会达到最大，即所有的互联网主机都集中在一个国家。

为了直接得到集中度的测算公式，研究者采用了相关集中度指数（即基尼

系数），该指数结果分布在 0～1 之间。基尼系数的数学表达式为

$$R = 1 - \sum_{i=0}^{k-1} (P_{i+1} - P_i)(Q_{i+1} + Q_i)$$

式中，R 为相对集中度指数（即数字鸿沟指数）；k 为分组数；P_i 为第 i 组某一变量值占总量的比重；Q_i 为第 i 组人口占总人口的比重。为方便比较分析，对测算值分别乘以 100，这样 R 值就介于 0～100 之间。R 值越大，说明水平差距越大；R 值越小，说明水平越接近。

2. 基尼系数法的评价

（1）基尼系数法的优点：一是提供了一个利用基尼系数反映数字鸿沟的方法。利用这一方法，可以分别测算不同分组间在各个新技术应用方面存在的发展不均衡情况；二是该方法既可以测算不同国家间的数字鸿沟，也可以测算一国内部的数字鸿沟；三是该方法可以进行静态分析，也可通过年度数据测算及其结果变化进行动态分析。

（2）基尼系数法的缺点：一是不直观，含义不明晰。用相对集中度指数表示数字鸿沟指数，其测算结果并不能让人得出数字鸿沟到底有多大，会有什么影响的直接印象。在传统经济学理论中，基尼系数的最经典应用是测算收入分配不平等状况，其大小对经济发展、社会稳定程度的影响已经得到经验论证并被广泛接受。而在信息技术应用方面，基尼系数的大小有什么样的经济、社会含义人们并不清楚。因此，这一方法的测算结果的实际含义并不明确；二是该方法仅提供了测算特定对象间某一类新技术应用方面差距的结果，而无法反映多种信息技术方面的数字鸿沟的整体情况，即缺乏一个综合性合成指数；三是相对集中度指数适用于多组对象间的数字鸿沟测算，但对于两个对象间的直接比较就显得无能为力了。

11.3　跨越数字鸿沟

电子政务的成功与否，涉及两个方面：一方面是政府应用的程度；另一方面是公众接受的程度。其中公众接受的程度可能成为阻碍我国电子政务发展的最大挑战，因为公众接受程度的提高不仅涉及信息技术基础设施的建设，更重要的是涉及全社会知识发展水平的提高，其本质上就是"数字鸿沟"的问题。"数字鸿沟"越来越突出地成为我国电子政务发展的重大瓶颈。它与区域信息差距一样，逐渐为各级政府所重视。

（1）解决"数字鸿沟"，推广电子政务是一个行政观念改变的过程。首先，

公务人员要正确理解电子政务对于提高政务管理效益的重要意义，明确其主要目标是追求显著的管理效益。其次，电子政务突破了静态模式的限制，其生命力在于动态的政务创新，这是以不断开发和完善新的行政服务流程来体现的。因此，必须认识到电子政务建设需要持续地更新、维护与改进。

（2）解决"数字鸿沟"，就是要加强政府"宏观调控"。如今，经济的发展已经不能依靠单纯的市场行为来完成，政府在经济活动中应该发挥主导作用。在建设电子政务的过程中，政府必须切实解决好信息技术的普遍服务问题，并加强对信息化基础设施建设和核心技术的科研和开发。目前，我国电子政务的发展还处于初级阶段。因此实施电子政务要考虑发展的现实需求，建立一套目标明确、可操作性强的发展规划。首先，要以提高效率、节约成本为首要目的，逐渐实现政府内部公文电子化，重视开发和完善政府机构内部的局域网资源，构建政府信息骨干网络，保证政府内部各部门之间的信息共享。其次，采用灵活的信息开发机制和策略，逐步实现跨部门、跨地区的政府部门之间的信息共享。最后，加强对政府的信息回应，及时进行信息反馈，从而进一步推广其他复杂公共业务，如电子商务、电子采购、电子审批等。

（3）消弥"数字鸿沟"，必须大力促进信息产业发展。数字鸿沟是由于拥有信息工具和使用信息工具能力的不同而导致的在获取信息、知识等方面存在的差距，进而产生了发展机遇上的不均衡。因此，我国要弥合数字鸿沟，不能仅仅依靠电子政务建设，还必须大力发展信息产业。首先，应注重基础研究，加大科技投入力度。基础研究能为信息产业的发展提供技术支撑。科学技术在全球的高速发展和加速传递，为我国提供了良好的机遇。其次，应强化网络技术的应用和普及。社会需求是发展信息化的永恒动力，只有在人们对某种技术感兴趣时，一种技术的使用才可能深入人心；必须努力使专业技术平民化，顺应数据技术的普及趋势。

（4）提高公民参与度，为公众提供信息渠道，加强与公众的交流。在电子政务系统中，应该为公众提供的信息渠道包括公众与政府部门之间的信息渠道，公众和政府部门的上级管辖部门之间的信息渠道，政府相关部门之间的信息渠道，政府部门和上级领导部门之间的信息渠道。作为公共服务接受者的民众，彼此之间的信息化知识、信息技术的能力参差不齐，这种状况影响了电子政务的普及性。因此，降低电子化服务对民众的准入门槛，是推进电子政务、消除数字鸿沟的一条思路。在推行公共电子化服务时，必须以公众为中心进行业务流程重组，打破各业务部门在空间上的限制，克服因部门分割所带来的程序复杂、手续烦琐、周期过长、效率低下等弊病，提高政府的工作效率。总之，政府要善于"从数字鸿沟走向数字机遇",调动各方面的积极性,形成跨越数字鸿沟的合力。政府既要看到发展电子政务在提高政府的工作效率,促进政府与群众的沟通等方面的优势所在,同时也要保持审慎客观的态度,尽可能地完善电子政务的基础条件,保证电子政务的健康发展。相信经过不断努力,我国电子政务的"数字鸿沟"将会逐渐缩小直至弥合。

 本章知识小结

　　本章首先介绍了数字鸿沟的定义、分类、成因和影响,接着在介绍数字鸿沟的测量方法时,分别介绍了各种算法的原理和计算方法,以及各种算法的优缺点;最后引入案例——大庆市解决农业信息"最后一公里"的实践,以此来说明我国在农村地区解决数字鸿沟方面所做的一些努力。

案例分析

大庆市解决农业信息"最后一公里"的实践

　　21世纪初,大庆市农业信息化工作在市委、市政府高度重视和正确领导下,在上级业务部门的大力支持和帮助下,取得了一定的成绩,农业信息网络体系初具规模。到2002年,大庆市已初步建成了覆盖市、县(区)、乡(镇、场)三级的农业信息网络。农业信息网络在促进农业增效,加快农民增收上发挥了很大作用。但是全市485个村和33个连队还没有联网,农业信息传递还存在着"最后一公里"问题。大庆市的农村在全国来说属于欠发达地区,广大农民属于低文化、低技术人群,很难掌握计算机;经济条件差,无钱购买计算机;居住分散,信息渠道不畅;即使买了计算机,也因维修等售后服务体系的不完善而使信息网络还没有进村入户。那么,用什么网络终端才能满足农村实际需要,使信息进村入户呢?大庆市委、市政府在考察借鉴外地成功经验的基础上,决定于2003年在全市实施以农信通技术为主的农业"信息落地"工程,旨在彻底解决农村信息"最后一公里"问题。

1. 农业"信息落地"工程概述

　　2003年,大庆市实施的农业"信息落地"工程主要采取了北京农信通科技有限公司开发的"农信通"技术。农信通是针对广大农民买不起、用不好计算机的现状,根据农村现有实际开发的一个新项目。它是专门为乡村干部、农民经纪人、种植、养殖、加工和运销大户、农村知识青年等农民朋友量身定做的服务项目。大庆市将北京农信通科技有限公司引进大庆并成立分公司，由北京农信通科技有限公司大庆分公司与大庆联通公司联合，共同运作这项工程。农信通大庆分公司通过各种途径将与广大农民生产生活相关的各类信息经分类、整理、精选后，再通过大庆联通公司的寻呼网络传递到为农民配备的农信通接收设备上，这样农民每天都可接收到近百条上万字的农业信息。通过此项目，可帮助农业、农村工作者从容应对WTO、互联网带来的机遇与挑战，为农业结构调整、农业增效、农民增收、农村文明富裕和农民素质的提高提供强有力的信息服务支撑。

（1）农信通信息接收设备接收信息的设备有三种。第一种是农信通信息机：携带方便，存储量大，操作简单，随时随地只要按一下功能键，按照屏幕上的图文索引，选择栏目便可直接收看（其汉字存储量为12万字），并兼有普通寻呼机的功能。第二种是智农王：是放在家里接收信息的大接收机，用电视机做显示屏幕，相当于给电视机增加了频道。其操作更为简便易用，只要把遥控器上的相应按键按下，即可直接收看所需信息（其汉字存储量为60万字）。第三种是计算机伴侣：用户无须上网（节省了上网的费用）便可以接收特制的各类农业信息。用户可根据自己的实际需要把有用的信息存入计算机，其存储量更大（其汉字存储量为计算机硬盘的容量）。该设备更主要的是解决了用户上网不熟练和网上信息量大，不易查找有针对性信息的难题。

（2）根据农村实际情况和不同的需求，可把家信通用户分为以下三个类别。

一类用户可以接收12个公共信息栏目。

二类用户除可以接收12个公共信息栏目外，还可以定制19个专业栏目中的任意两个信息专题，使用户享受更专业、更深入、更有针对性的信息服务。用户可以根据实际需要随时拨打电话给服务台更改专题，更改后的专题就会发送到用户的信息接收设备上。

三类用户除具备一、二类用户所拥有的功能外，还具备免费信息咨询和信息发布的功能。用户可根据实际情况随时咨询农业方面的难题。收到咨询问题后，农信通公司会组织有关专家在两个工作日内做出解答，对于疑难问题则会在七个工作日内做出解答，并会将答案发送到咨询者的信息终端上。用户可以将自己所需的供求信息通过拨打电话通知服务台，服务台将用户要发布的内容及联系方式转到农信通管理平台，同时发布到"中国农业网站联盟"、"北国农网"及所有农信通用户信息终端上，有意者可直接与发布信息的用户联系。免费信息咨询和发布的功能信息起到信息与服务互动、电话与网络互动作用，使农业生产经营智能化、信息化、国际化，不但达到"农民不出门便知天下事"，还能达到"农民不出门便可实现网上买卖"的效果。

（3）服务费收取标准。

一类用户：每月服务费为 10 元，合计年服务费为 120 元。

二类用户：每月服务费为 15 元，合计年服务费为 180 元。

三类用户：每月服务费为 25 元，合计年服务费为 300 元。

为了鼓励广大农民使用农信通接收设备，尽快享受到信息服务，市政府拿出一定资金进行了补贴，即农民购买任何一种接收设备都会得到 150 元补贴。

2. 实施农业"信息落地"工程所采取的措施

大庆市市委、市政府对实施这项工程非常重视，拿出 100 万元资金扶持并把它作为 2003 年全市农业的一项重点工作来推进。农业"信息落地"工程是一项庞大的系统工程，工作内容新，涉及部门多，技术要求高，工作难度大，只有各级领导重视，统筹规划，科学管理，靠政府行为引导推进，才能取得预期的效果。为保证此项工作的顺利进行，结合大庆市的实际，市农委制定了大庆市农业"信息落地"工程实施方案，并以文件的形式下发至各基层单位。其总的指导思想是以强化信息服务为核心，在继续扩大计算机入村率的同时，重点实施农业"信息落地"工程。在全市统一部署下，各县（区）充分利用专题会议、农村广播、电视专题讲座、宣传车、宣传画、宣传栏、宣传单、墙体广告等多种措施宣传了对全市实施农业"信息落地"工程的意义，并且为了提高全市农业信息服务水平，组建了全市农业信息员队伍，主要任务是为信息中心反馈农信通用户的需求情况、农信通设备使用情况，以及提供本地各类有价值的信息。为了最大限度地发挥农业"信息落地"工程在农村经济发展中的作用，提高用户使用农信通接收设备的效果，市政府组织人员对全市 7 000 名农信通用户进行了培训。为满足农信通用户对农业信息的个性化需求，市政府组建了由国家、省、市、县区不同层次、不同类别组成的 50 多人的专家队伍，随时解答农民提出的生产生活中的各类疑难问题，必要时专家还可深入到农户进行现场服务。

 思考题

1. 什么是数字鸿沟？

2. 数字鸿沟的测量主要有哪几种方法？

3. 什么是基尼系数? 如何用基尼系数法测量数字鸿沟?

4. 信息基础设施落后是我国城乡差别、东西差距的重要因素之一。目前我国采取了哪些措施缩小信息基础设施的数字鸿沟? 还应如何改进?

参 考 文 献

[1] 张彬, 李潇, Richard D.Taylor. 数字鸿沟测度理论与方法. 北京: 北京邮电大学出版社, 2009.

[2] 胡亚伟. 跨越"数字鸿沟": 解读电子政务的本质, 2009 eNet 论坛. 2003.

[3] 中国数字鸿沟报告 2008. 2009 国家信息中心信息化研究部, 2009.

[4] 薛伟贤, 张飞燕. 数字鸿沟的成因、测度、影响及弥合方法软件学, 2009, 23 (1): 17-24.

[5] http://www.cia.org.cn/zjk/subject_07_xxhzt_2.htm

[6] 石冬. 浅议电子政务中的"数字鸿沟"中国经贸. 2009, (18): 109.

[7] 邹立晓. 美国的数字鸿沟现状及政府的有关解决措施.

[8] 徐国庆. 跨越数字鸿沟——构建中国电子政府的挑战与对策. 江西行政学院学报 2002, 4 (2): 5-7.

[9] 赵豪迈, 白庆华. 电子政务"数字鸿沟"分析与数字援助政策. 情报杂志. 2007, (3): 101-109.

[10] 刘鹏. 中国"数字鸿沟现状分析与应对. 金陵科技学院学报(社会科学版)2007, 21 (1): 21-23.

[11] 张登伦, 孙敬, 任宝强, 毛同艳, 吴维凤. 农业信息化计算机与农业, 大庆市解决农业信息的实践与思考"最后一公里" 2003, (12): 22-25.